Java编程项目实战

罗 骞 编著

北京航空航天大学出版社

内 容 简 介

本书详细介绍了 Java 语言面向对象程序设计中的核心技术和编程技巧。另外本书还将 Java 教学与实战经验的知识点融入练习当中，通过练习让读者迅速理解书中的知识点，并快速掌握 Java 技术的精髓，快速提高 Java 程序开发技能。本书适合 Java 从入门到精通各个层次的读者参考学习，Java 初学者、Java 编程爱好者、Java 语言工程师等均可选择本书作为 Java 开发的实战指南和参考工具书，应用型高校计算机相关专业、培训机构也可选择本书作为 Java 算法、Java 程序设计和面向对象编程的教材或参考书。

图书在版编目(CIP)数据

Java 编程项目实战 / 罗骞编著. -- 北京 : 北京航空航天大学出版社, 2022.1

ISBN 978-7-5124-3674-9

Ⅰ. ①J… Ⅱ. ①罗… Ⅲ. ①JAVA 语言—程序设计
Ⅳ. ①TP312.8

中国版本图书馆 CIP 数据核字(2021)第 268215 号

Java 编程项目实战

罗 骞 编著

责任编辑 董宜斌

*

北京航空航天大学出版社出版发行

北京市海淀区学院路 37 号(邮编 100191) http://www.buaapress.com.cn

发行部电话:(010)82317024 传真:(010)82328026

读者信箱: copyrights@buaacm.com.cn 邮购电话:(010)82316936

涿州市新华印刷有限公司印装 各地书店经销

*

开本:710×1 000 1/16 印张:13.75 字数:309 千字

2022 年 1 月第 1 版 2022 年 1 月第 1 次印刷

ISBN 978-7-5124-3674-9 定价:69.00 元

若本书有倒页、脱页、缺页等印装质量问题，请与本社发行部联系调换。联系电话:(010)82317024

前　言

Java 语言是一种典型的面向对象的、跨平台的、支持分布式和多线程的编程语言，具有极强的扩展性，自其诞生以来，迅速被业界认可并广泛应用于 Web 应用程序的开发中。本书正是在此形式下，结合 Java 语言学习的实际需要和作者多年的实践教学经验编写而成的。

本书以“数据如何表示/存储到如何计算/处理”为主线，从程序设计基础入手，详细介绍了程序设计知识、Java 语言的基本概念和编程方法，内容涉及 Java 演化进程、编程思想、Java 语言的基本语法、数据类型、类、继承、异常、输入输出流、集合等，基本覆盖了 Java 语言的大部分技术，是进一步使用 Java 语言进行技术开发的基础。在这个过程中，您将学到 javac/java 工具是如何工作的，java 包是什么，以及 java 程序通常的组织方式。一旦您熟悉了这一点，您将了解该语言的高级概念，例如控制流关键字等，同时，您还将探索面向对象编程及其在使 Java 成为现实中所起的作用。在最后的章节中，您将掌握类、类型转换和接口，并了解数据结构、数组和字符串的用法；能够处理异常情况以及创建泛型等。

本书的内容编排遵循由浅入深、循序渐进的基本原则，编写上采取了贴近实战的结构，书中包含了多个练习和测试，这些练习和测试均来自真实的工作案例，可以让您在这些真实的案例学习过程中，真正地掌握 Java 编程和提高自己的编程水平。同时，本书所有的练习和测试均配有详细的讲解和完整的程序代码，以期更好地帮助读者学习。

本书的目标就是让您通过本书的阅读和学习，能够掌握创建和运行 Java 程序，在程序中能够熟练使用数据类型、数据结构和控制流，可以熟练使用构造函数和继承，了解高级数据结构以组织和存储数据，可以在编译过程中使用泛型实现更强的检查类型，学会处理程序中的异常。

由于编者水平有限，书中难免存在不足、疏漏或者错误的地方，读者若在学习过程中发现有误的地方，欢迎批评指正和交流。

编　者

2021 年 10 月

目　　录

第 1 章　快速入门:基础知识

1.1　Java 简介

在这一章中,我们将要学习 Java 的一些基本知识。如果你是从使用另一种编程语言的背景来学习 Java 的,你可能知道 Java 是一种用于计算机编程的语言,但 Java 不仅局限于此。它是一种非常流行的语言,在程序中几乎无处不在,它是一种编程技术的集合,除了语言,它还包括了一个非常丰富的系统,同时,它还是一个充满活力的社区。

Java 系统最基本的三个部分是 Java 虚拟机(Java Virtual Machine,JVM)、Java 运行环境(Java Runtime Environment,JRE)和 Java 软件开发工具包(Java Development Kit,JDK)),这三部分的关系如图 1-1 所示。

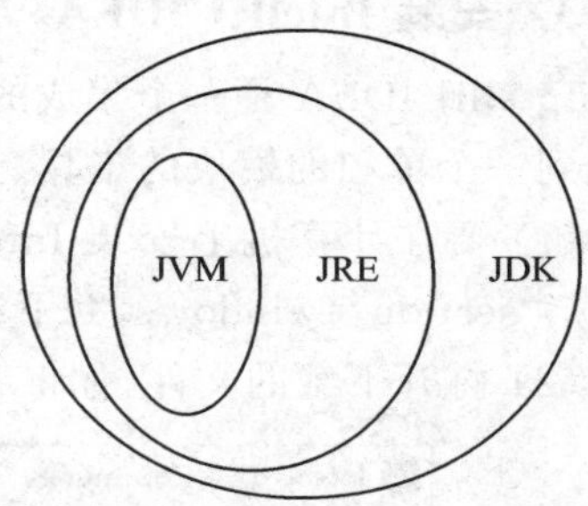

图 1-1　Java 系统

每个 Java 程序都在 JVM 的控制下运行。每次运行 Java 程序时,程序都会创建一个 JVM 实例,它为正在运行的 Java 程序提供安全性和隔离性;同时,它可以防止代码的运行与系统中的其他程序发生冲突。简单地说,JVM 充当计算机内部的一台计算机,它专门用于运行Java 程序。

在现有 Java 技术的层次结构中,最高级的是 JRE。JRE 是一个程序集合,它包含 JVM 以及在 JVM 上执行程序(通过命令)所需的许多库和类文件。JRE 包括了所有的基本 Java 类(运行时)、与主机系统交互的库(例如字体管理、图形系统的通信、播放声音、在浏览器中执行 Javaapplet 的插件等)和实用程序(例如 Nashorn Javascript 解释器和 Keytool 加密操作工具等)。

Java 程序的最顶层是 JDK。JDK 包含开发 Java 程序所需的所有工具,它最重要的部分是 Java 编译器(Javac)。JDK 还包括许多辅助工具,例如 Java 反汇编程序(Javap)、创建 Java 应用程序包的实用程序(Jar)、从源代码生成文档的系统(Javadoc)以及许多其他实用工具。JDK 包含了 JRE,这意味着如果有 JDK,那么一定包含 JRE 和 JVM。

1.2　安装 Java

1. 硬件要求

为了获得最佳的学习体验，本书推荐以下硬件配置：

- 处理器：Intel Core i7 或以上产品。
- 内存：8 GB RAM 或以上。
- 存储：35 GB 可用空间或以上。

2. 软件需求

在阅读本书之前，我们还需要提前安装以下软件：

- 操作系统：Windows 7 或更高版本。
- Java 8 JDK。
- IntelliJ IDEA。

3. 安装 IntelliJ IDEA

IntelliJ IDEA 是一个集成的开发环境，它是将我们可能需要的所有开发工具全部集成到一个单独的模块的工具。

(1) 要在计算机上安装 IntelliJ，请转到 https://www.jetbrains.com/idea/download/#section=windows，并下载符合于我们操作系统的版本。

(2) 打开下载的文件，你将看到以下窗口，如图 1-2 所示，单击“Next”按钮。

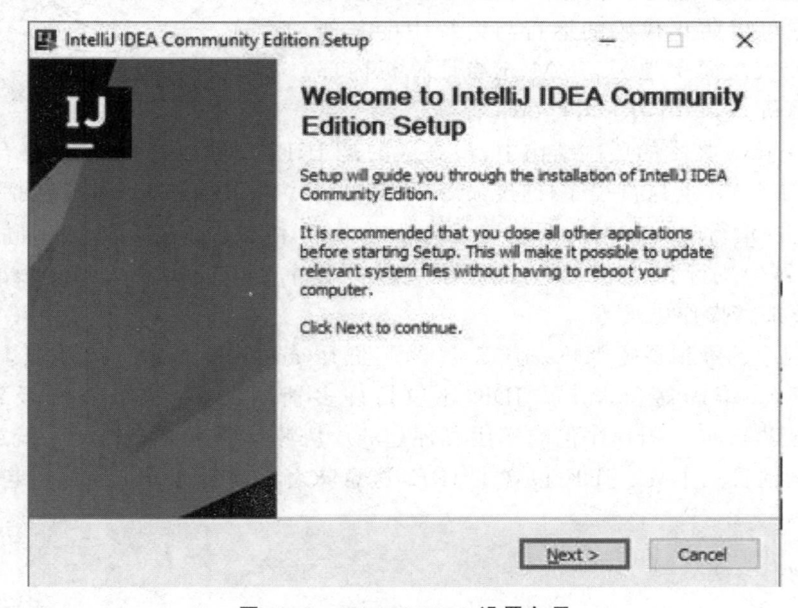

图 1-2　IntelliJ IDEA 设置向导

(3) 选择要安装 IntelliJ 的目录,如图 1-3 所示,然后单击“Next”按钮。

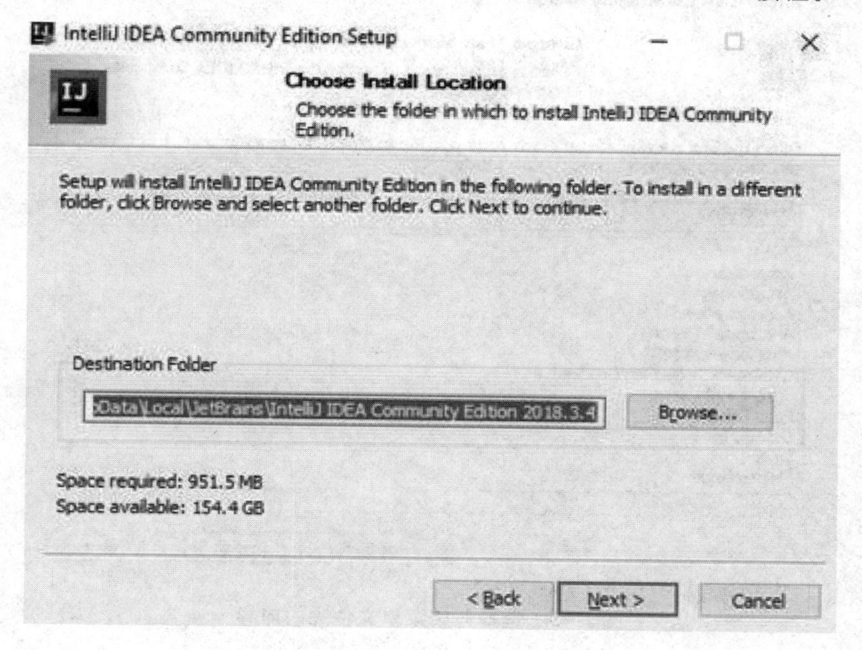

图 1-3 选择安装位置的向导

(4) 选择安装选项并单击“Next”按钮,如图 1-4 所示。

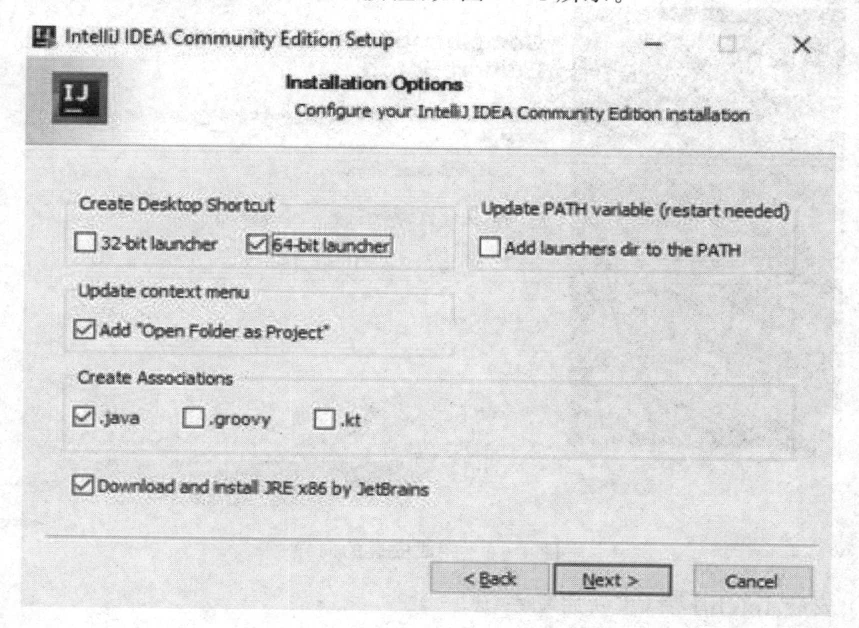

图 1-4 选择安装选项的向导

(5) 选择“开始”菜单文件夹并单击“Install”按钮,如图 1-5 所示。

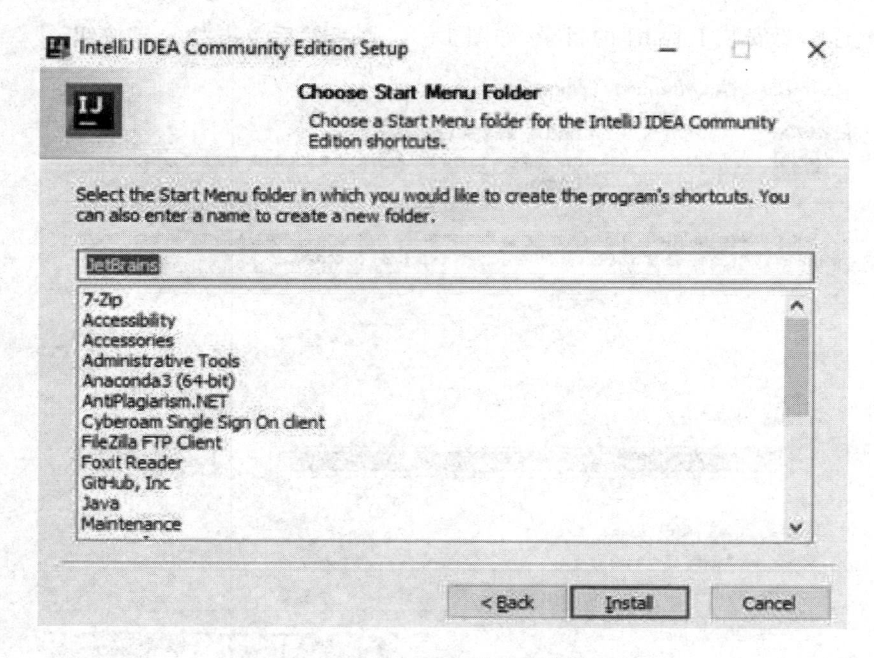

图 1-5　选择开始菜单文件夹的向导

(6) 下载完成后，单击“Finish”按钮，如图 1-6 所示。

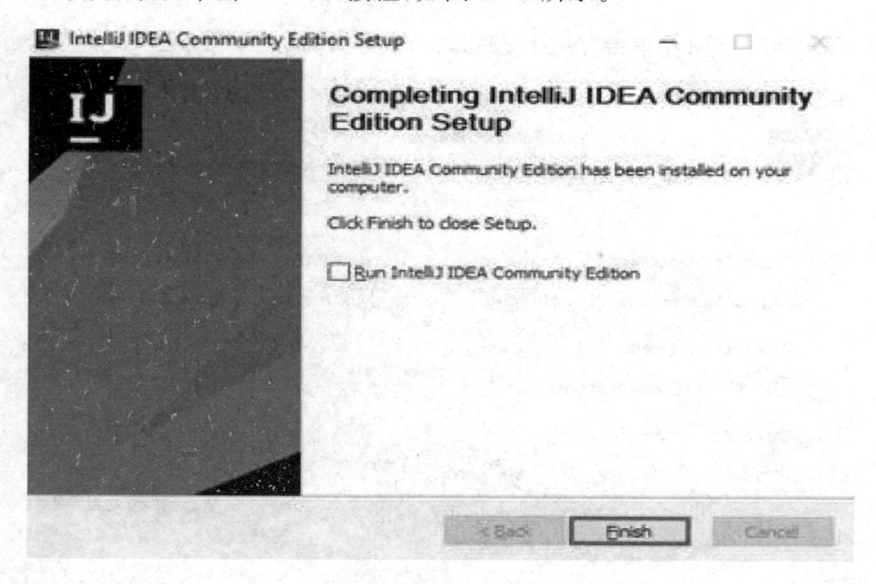

图 1-6　完成安装的向导

(7) 安装 IntelliJ 后，重新启动系统。

4. 安装 Java 8 JDK

Java Development Kit(JDK)是一种使用 Java 编程语言构建的应用程序开发环境，

安装步骤如下所列:

(1) 要安装 JDK,请登录网页 https://www.oracle.com/technetwork/java/javase/downloads/jdk8-downloads-2133151.html。

(2) 转到 Java SE Development Kit 8u201 并选择 Accept License Agreement 选项。

(3) 下载适合你的操作系统的 JDK。

(4) 下载文件后运行安装程序。

1.3 Java 应用程序

正如书中之前简要地介绍过的那样,Java 中的程序是用源代码编写的,其由编译器处理(在 Java 的情况下,使用 Javac 编译),在类文件中生成 Java 字节码。然后,包含 Java 字节码的类文件被送入一个名为 Java 的程序,该程序包含执行我们所编写的程序的 Java 解释器 JVM,如图 1-7 所示。

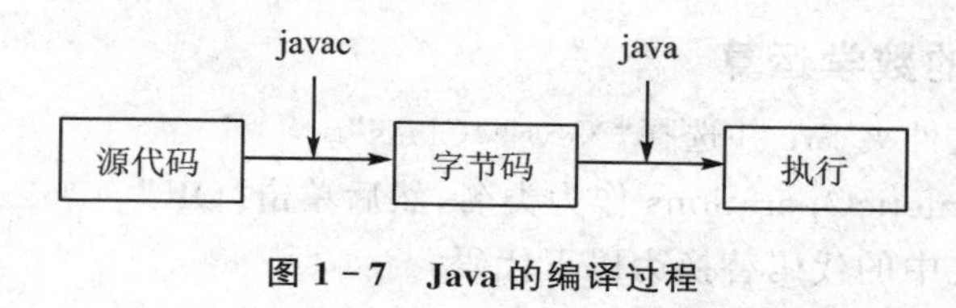

图 1-7 Java 的编译过程

1.3.1 规 则

像所有编程语言一样,Java 程序中的源代码必须遵循特定的语法,只有这样,机器才能编译并提供准确的结果。由于 Java 是一种面向对象的编程语言,所以 Java 中的所有内容都包含在类中。一个简单的 Java 程序如下所示:

```
public class Test {//第 1 行
    public static void main(String[]args){//第 2 行
        System.out.println("Test");//第 3 行
    }//第 4 行
}//第 5 行
```

每个 Java 程序文件都应该与包含的类的 Main()函数名称相同,它是 Java 程序的入口点。因此,上面程序中,只有当这些指令存储在名为 Test.java 的文件中,程序才能够被成功编译和运行。Java 的另一个关键特性是区分大小写,这意味着 System.out.Println 是一个错误的写法,因为它没有正确地大写,正确的应该是 System.out.println,注意字母"P"的大小写。

Main()函数的声明如上面程序所示,如果 Main()函数出错了,则编译器不会访问它,并且 Java 程序也不会运行。原因是因为计器无法使用任何对象来调用它,就像

Java 中所有其他方法一样。

注释用于提供一些附加信息，Java 编译器会忽略这些注释。单行注释用“//”表示，多行注释用“/ * * /”表示。

练习　输出“Hello World”

1. 右键单击文件夹 Src 并选择“New | Class”。
2. 输入 HelloWorld 作为类名，然后单击“OK”。
3. 在类中输入以下代码：

```
public class HelloWorld{
public static void main(String[] args) {
        System.out.println("Hello, world!");
    }
}
```

4 单击“Run”运行程序，程序的输出为：

```
Hello World!
```

练习　简单的数学运算

1. 右键单击文件夹 Src 并选择“New | Class”。
2. 输入 ArithmeticOperations 作为类名，然后单击“OK”。
3. 将此文件夹中的代码替换为以下代码：

```
public class ArithmeticOperations {
    public static void main(String[] args) { System.out.println(4 + 5);
        System.out.println(4 * 5);
        System.out.println(4/5);
        System.out.println(9/2);
    }
}
```

4. 运行程序，输出如下所示：

```
9
20
0
4
```

在上述程序中，当我们将一个整数(如 4)除以另一个整数(如 5)时，结果总是整数(除非另有说明)。在前面的例子中，4 除以 5 得到的结果是 0，因为这是 4 除以 5 时的商(可以使用%代替/得到除法的余数)，如果要得到 0.8 的结果，必须指示除法是浮点除法，而不是整数除法。我们可以使用以下代码来执行此操作：

```
System.out.println(4.0/5)
```

练习 显示非ASCII字符

1. 右键单击文件夹 Src 并选择“New | Class”。
2. 输入 ArithmeticOperations 作为类名,然后单击“OK”按钮。
3. 将此文件夹中的代码替换为以下代码:

```
public class HelloNonASCIIWorld {
    public static void main(String[] args) {
        System.out.println("∀x ∈ R:[x] = -[-x]");
        System.out.println("π≅ " + 3.1415926535); // +用于连接
    }
}
```

4. 运行主程序,程序的输出如下所示:

```
∀x ∈ R:[x] = -[-x]
π≈3.141 592 653 5
```

测试1 输出简单算术运算

要编写一个 Java 程序来打印任意两个值的和与积,请执行以下步骤:

(1) 创建一个新类。

(2) 在 Main 函数中,编写程序,描述对要执行的值的操作以及结果。

(3) 运行主程序。

输出结果应为以下内容:

3+4 的和是 7

3 和 4 的乘积是 12

1.3.2 从用户获取输入程序

我们之前讲解了一个生成输出的程序。现在,我们要研究一个补充程序:从用户那里获得输入的程序,这样程序就可以根据用户的需求来决定程序的工作内容,如下所示:

```
import java.io.IOException; // 第1行
public class ReadInput { // 第2行
    public static void main(String[] args) throws IOException { // 第3行
        System.out.println("Enter your first byte");
        int inByte = System.in.read(); // 第4行
        System.out.println("The first byte that you typed: " + (char)inByte); // 第5行
        System.out.printf("%s: %c.%n", "The first byte that you typed",inByte);
        // 第6行
    } // 第7行
}// 第8行
```

现在，我们分析一下上述程序的结构。

在第 1 行，我们使用了书中前面还没有看到过的关键字 import。所有 Java 代码都是以分层的方式组织的，有许多包(我们稍后将更详细地讨论包，包括如何制作自己的包)，层次结构就像树一样有组织。这个 import 就是一个包，我们将使用在包中组织的方法或类。

在第 2 行，创建了一个新的公共类，名为 ReadInput。正如预期的那样，这个程序的源代码必须在一个名为 ReadInput. java 中运行。

在第 3 行，定义了 Main 函数，但是这一次程序中添加了一个新的关键词 throws IOException。为什么需要这个，答案是当程序从用户处读取输入时，可能存在错误，而 Java 语言迫使我们将程序在执行过程中可能遇到的一些错误告诉编译器。另外，第 3 行是负责第 1 行的 Import 需求的行，IOException 是 java. io. Exception 层次结构下的一个特殊类。

第 5 行是实际操作的开始，在这一行，我们定义一个名为 inByte 的变量，它包含 System. in. read 的结果。该 Main 函数在执行时，将从标准输入(通常是键盘)中获取第一个字节，并将其返回给执行它的人(在本例中，在第 5 行)。程序将这个结果存储在变量中并继续执行。

在第 6 行中，程序调用 System. out. println 的标准方法输出一条消息，说明程序读取了那个字节。

在第 7 行，程序使用不同的方法将相同的消息以标准输出。这是为了告诉我们相同的任务，可以用不同的方式完成。这里，我们使用函数 System. out. println。表 1－1 列出了 System. out. printf 的一些主要格式字符串。

表 1－1　格式字符串及其含义

格　式	含　义
%d	表示把数据按十进制整型输出
%x	表示把数据按十六进制整型输出
%o	表示把数据按八进制整型输出
%f	显示小数表示的普通浮点数
%s	用来输出一个字符串
%c	输出一个字符
%%	输出字符%

后续在书中，我们还将看到其他一些常见格式的字符串，例如%. 2f(它表示函数输出一个小数点后，正好有两个十进制的浮点数，例如 2. 57、－123. 45)和%03d(它表示函数输出一个最少有 3 位的整数，如果位数不够，左边用 0 补成 3 位，例如 print＋(%03d，1)，输出 001)。

练习　读取数值并执行输出

1. 右键单击文件夹 Src 并选择“New | Class”。

2. 输入 ProductOfNos 作为类名,然后单击“OK”按钮。

3. 导入 Java. io. IOException 包,如下所示:

```
import java.io.IOException;
```

4. 在 Main()函数中输入以下代码以实现读取整数:

```
public class ProductOfNos{
public static void main(String[] args){
System.out.println("Enter the first number");
int var1 = Integer.parseInt(System.console().readLine());
System.out.println("Enter the Second number");
int var2 = Integer.parseInt(System.console().readLine());
```

5. 输入以下代码,并显示两个变量的乘积:

```
System.out.printf("The product of the two numbers is %d", (var1 * var2));
}
}
```

6. 运行程序,输出如下所示:

```
Enter the first number
10
Enter the Second number
20
The product of the two numbers is 200
```

1.3.3 包

为了更好地组织类,Java 提供了包(package)机制。使用包这种机制是为了防止命名冲突,访问控制提供搜索和定位类(class)、接口、枚举(enumerations)和注释(annotation)等。包的作用有以下几点:

(1) 把功能相似或相关的类或接口组织在同一个包中,方便类的查找和使用。

(2) 如同文件夹一样,包也采用了树形目录的存储方式。同一个包中类的名字是不同的,不同的包中类的名字是可以相同的,当同时调用两个不同包中相同类名的类时,应该加上包名以示区别。

(3) 包也限定了访问权限,拥有包访问权限的类才能访问这个包中的类。

包是 Java 中的名称空间,当您有多个具有相同名称的类时,可以使用它来避免名称冲突。例如,我们可能有一个 Student 的类由 A 开发,另一个同名的类由 B 开发,如果需要在代码中使用这两个类,就需要一种区分这两个类的方法。我们使用包将两个类放在两个不同的名称空间中。

例如,可以将这两个 student 类放在两个包中:

- A. Student
- B. Student

所有 Java 语言的基础类都属于 java. lang 这个包，java. lang 包是 java 语言的核心，它提供了 java 中的基础类，包括 Object 类、Class 类、String 类、基本类型的包装类和基本的数学类等最基本的类。Java 中包含实用程序类的所有类，如集合、本地化类和时间实用程序等，其都属于 java. util 包。作为程序员，我们可以创建和使用自己的包，但是使用包时要遵循以下一些规则：

- Java 包以小写字母书写。
- 为避免名称冲突，包名称应为公司的反向域。例如，如果公司域名是 example. com，那么包名称应该是 com. example。因此，如果包中有一个类 Student，则可以使用 com. example. Student。
- 文件包名称应与文件夹名称相对应。对于前面的示例，文件夹结构如图 1－8 所示。

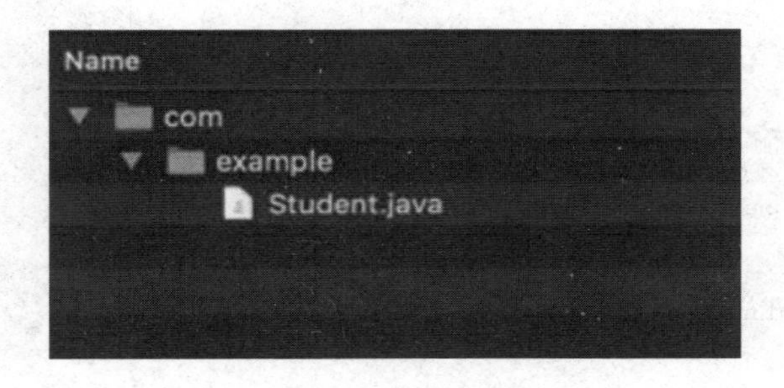

图 1－8　文件包名称应与文件夹名称相对应

要在代码中使用包中的类，需要在 Java 文件中导入相关包中的类。例如，要使用 Student 类，可以按如下方式导入 Student 类：

```
import com.example.Student;
public class MyClass {
}
```

Scanner 是 java. util 包中一个类，这是一种调用其他类(如 int 或 string)的简单方法。正如我们在前面的练习中看到的，这些包使用 nextInt()输入整数，如下所示：

```
sc = new Scanner(System.in);
int x = sc.nextInt()
```

测试 2　使用 Scanner 类执行操作从用户端读取数据

1. 创建一个新类并输入 ReadScanner 作为类名。
2. 导入包 java. util. Scanner。
3. 在 Main()函数中使用 System. out. print 要求用户输入两个数量的变量 a 和 b。

4. 用 System. out. println 输出两个数字的和。
5. 运行程序,输出如下所示:

```
Enter a number: 12
Enter 2nd number: 23
The sum is 35.
```

第 2 章　变量与数据类型

在第 1 章中，我们已经介绍了 Java 生态系统和开发 Java 程序所需的工具。在本章中，我们将从了解 Java 语言的一些基本概念开始我们的 Java 编程之旅。

2.1　数据类型和变量

2.1.1　数据类型

数据类型是指在给定内存位置需要存储的数据种类和大小的一种方法。数据类型可以是整数、字符或字符串。一般来说，Java 中的数据类型可分为以下两种类型：

- 原始数据类型；
- 引用数据类型。

原始数据类型不能被修改，它们是不可分割的，是形成复杂类型的基础。Java 中有 8 种原始数据类型，分别为字节型(byte)、短整型(short)、整型(int)、长整型(long)、字符型(char)、布尔型(boolean)、单精度浮点型(float)和双精度浮点型(double)，我们将在后面的章节中深入讲解这 8 种数据类型。

引用数据类型是引用存储在某个内存位置数据的类型。它们本身不保存数据，而是保存数据的地址。对象是引用类型的示例，如图 2-1 所示。

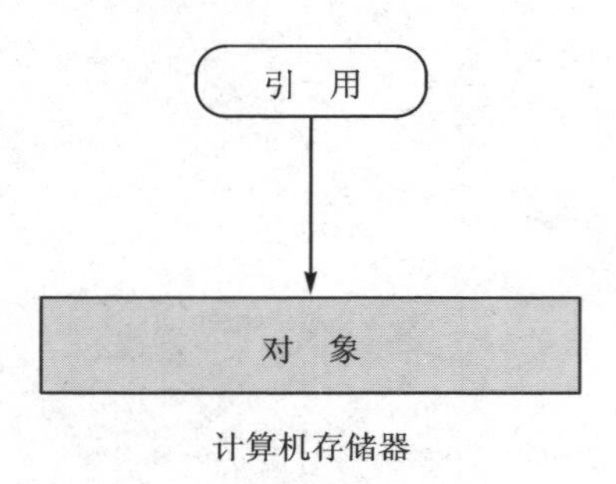

图 2-1　引用数据类型

所有引用数据类型都具有以下公共属性：

- 它们具有一个值；
- 它们可以进行基于值的某些操作；
- 它们占用内存中一定数量的位。

例如，一个整数可以有一个值，例如 100，支持加法和减法等运算，并且用计算机内存中的 32 位来表示。

2.1.2　变　量

变量是内存中的一个存储区域，该区域有自己的名称(变量名)、类型(数据类型)和值。Java 中的每个变量都必须先声明，再赋值，然后才能使用；同时，该存储区域的数据可以在同一类型范围内不断变化。Java 中的变量有四个基本属性：变量名、数据类型、存储单元和变量值。

当我们需要处理一个给定的数据类型时，我们必须创建一个该数据类型的变量。例如，要创建一个包含年龄的整数，代码如下所示：

```
int age;
```

这里，变量被调用，并且是一个整数。整数只能保存－2147483648 到 2147483647 范围内的值。如果值在范围之外将导致错误。然后我们可以为变量赋值，如下所示：

```
age = 30;
```

变量 age 现在保存的值为 30。age 用于表示存储值为 30 的存储器位置，它是一个人类可读的数据，用于引用值的内存地址。我们可以使用其他的单词作为标识符来引用同一个内存地址。例如，我们可以这样写：

```
int myAge;
myAge = 30;
```

这里变量 my Age 与上提到的变量 age 一样，保存的值也为 30。

正如我们可以使用任何单词作为标识符一样，Java 对有效标识符的组成有一些规则，以下是创建标识符名称时要遵循的一些规则：

- 标识符应以字母或者“_”或者“＄”开头，不能以数字开头；
- 标识符只能包含有效的 unicode 码字符和数字；
- 标识符之间不能有空格；
- 标识符可以是任意长度；
- 标识符不能是保留关键字；
- 标识符不能有算术符号，如“＋”或“－”；
- 标识符区分大小写，例如，Age 和 age 不是相同的标识符。

Java 还包含保留了一部分不能用作标识符的内置单词，这些词在语言中有特殊的含义，这些将在后续章节中提及。

2.2 整型数据

整型数据是具有整数值的类型，它们是 int、long、short、byte 和 char，分别用 8、16、32、64、16bits 表示。有些地方可能不会把 char 列入整型范畴，但本质上 char 类型是 int 的一个子集。整型的宽度不应该被看成整数所占用的内存空间大小，而应当理解成定义为整型的变量或者表达式的行为。只要类型的行为符合规范、JVM 可以自由使用它们希望的、任何大小的内存空间。byte、short、int 和 long 都是有符号的数据类型，而 char 用 16 位表示，它是无符号的，表示的是 UTF－16 编码集。

2.2.1 整型(int)

int 类型用于表示整数,其数据介于－2147483648 到 2147483647 之间的 32 位数字。例如 0、1300、500、389、230、1345543、－500、－324145 以及该范围内的其他整数。例如,要创建一个 int 变量来保存数值 5,可以编写以下代码:

```
int num = 5;
```

同时,也可以创建多个 int 类型的变量:

```
int num1, num2, num3, num4, num5;
```

在这里,我们创建了五个变量,都是 int 类型,并初始化为零。我们也可以将所有变量初始化为特定值,如下所示:

```
int num1 = 1, num2 = 2, num3 = 3, num4 = 4, num5 = 5;
```

除了用十进制表示整数外,我们还可以用八进制、十六进制和二进制表示整数。

十六进制我们以 0x 或 0X 开头,即 0 后跟 x 或 X。数字的长度必须至少为两位数。十六进制数使用 16 位数字(0－9 和 A－F)。例如,要用十六进制表示 30,我们将使用以下代码:

```
int hex_num = 0X1E;
```

程序将按预期输出 30。要保存十六进制值为 501 的整数,我们可以编写以下代码:

```
int hex_num1 = 0x1F5;
```

要以八进制表示整数,数据需要从 0 开始,并且必须至少有 2 位数字。例如,要用八进制表示 15,程序将执行以下操作:

```
int oct_num = 017;
```

要用八进制表示 501,程序将执行以下操作:

```
int oct_num1 = 0765;
```

以二进制表示整数,整数从 0b 或 0b 开始,也就是说,0 后面跟着 b 或 B 表示二进制。例如,要在二进制中保存数值 100,程序将执行以下操作:

```
int bin_num = 0b1100100;
```

在二进制中保存值 999,程序将执行以下操作:

```
int bin_num1 = 0B1111100111;
```

作为上述四种表示整数的格式的总结,以下所有变量的值均为 117:

```
int num = 117;
int hex_num = 0x75;
int oct_num = 0165;
```

```
int bin_num = 0b1110101;
```

2.2.2 长整型(long)

long 类型是一个 64 位的整数,它保存的数字范围为-9223372036854775808 至 9223372036854775807。long 类型的整数也称为 long literal,并在数据末尾用 L 表示。例如,要声明值为 200 的 long 类型,我们将执行以下操作:

```
long long_num = 200L;
```

要声明值为 8 的 long 类型,我们将执行以下操作:

```
long long_num = 8L;
```

2.2.3 类型转换

当需要计算非常大的数时,如果 int 类型不足以容纳大小,可以使用 long 类型,因为 int 类型是 32 位的,因此位于 Long 的范围内,我们可以将 int 类型变成一个 long 类型。例如,要将 int 值为 23 的数据转换为 long 类型,我们需要执行类型转换,如下所示:

```
int num_int = 23;
long num_long = (long)num_int;
```

在第二行中,我们使用符号 num_int 将 int 类型的转换为 long 类型,这被称为转换。转换是将一种数据类型转换为另一种数据类型的过程。尽管我们可以将 long 类型转换为 int 类型,但请记住,该数字可能超出 int 类型的范围,并且如果某些数字不能放入 int 整数中,则会出现错误。

与 int 类型一样,long 类型也可以是八进制、十六进制和二进制,如下代码所示:

```
long num = 117L;
long hex_num = 0x75L;
long oct_num = 0165L;
long bin_num = 0b1110101L;
```

练习 类型转换

在本练习中,我们需要将整数转换为浮点数。

1. 导入并创建公共类:

```
import java.util.Scanner;
public class Main
{
    static Scanner sc = new Scanner(System.in);
    public static void main(String[] args)
```

2. 输入一个整数:

```
{
    System.out.println("Enter a Number: ");
    int num1 = sc.nextInt();
```

3. 输出出整数：

```
System.out.println("Entered value is: " + num1);
```

4. 将整数转换为浮点数：

```
float fl1 = num1;
```

5. 输出浮点数：

```
System.out.print("Entered value as a floating point variable is: " + fl1);
    }
}
```

2.2.4 字节型(byte)

byte 由 1 个字节 8 位表示，是最小的整数类型。当操作来自网络、文件或者其他 IO 的数据流时，byte 类型特别有用，其可以保存－128 到 127 之间的值。byte 是 Java 中最小的原始数据类型，可用于保存二进制值。要将值赋给 byte，数值必须在－128 到 127 之间，否则编译器将引发错误。

我们也可以将 int 类型转换为 byte 类型，如下所示：

```
int num_int = 23;
byte num_byte = (byte)num_int;
```

除转换外，我们还可以将 byte 类型分配给 int 类型，如下所示：

```
byte num_byte = -32;
int num_int = num_byte;
```

然而，我们不能直接将 int 类型数据分配给 byte。比如尝试运行以下代码时，将引发错误：

```
int num_int = 23;
byte num_byte = num_int;
```

这是因为整数可能超出字节数值范围(－128 到 127)，并因此会丢失一些精度。Java 不允许将超出范围的类型分配给较低范围的类型。但是，我们可以强制转换数据类型，以便忽略溢出位。

2.2.5 短整型(short)

short 是一种 16 位数据类型，可以保存－32768 到 32767 范围内的数字。要将值赋给变量，必须确保它在指数据类型的范围内，否则将引发异常，例如，因为 byte 所有值都在 short 范围内,所以可以将 byte 赋给 short;但是,反过来会引发错误,因为 byte 中的一些值,超出了 short 的范围。要将 byte 转换为 int,必须强制转换以避免编译错误,这也适用于将 long 转换为 short,如下所示:

```
short num = 13000;
byte num_byte = 19;
num = num_byte;//对的
int num = 10;
short s = num1;//错误
long num_long = 200L;
s = (short)num_long;//对的
```

2.2.6 字符型(char)

char 数据类型用于保存单个字符。字符用单引号括起来,字符的示例有"a""b""z"和"5",字符类型为 16 位。字符类型本质上是用从 0 到 65535 的整数来表示 Unicode 码字符,以下是如何声明字符的示例:

```
char a = 'a';
char b = 'b';
char c = 'c';
char five = '5';
```

注意,字符用单引号括起来,而不是用双引号括起来。用双引号将字符(char)括起来可将其更改为字符串(string)。字符串(string)是一个或多个字符的集合,例如"Hello World":

```
String hello = "Hello World";
```

如上面所示,将 char 括在双引号中也会引发错误,因为编译器将双引号解释为字符串,而不是字符。

```
String hello = 'Hello World'; //错误
```

同样,将多个字符括在单引号中也会引发编译器错误,因为字符应该只有一个字符。

除了用于保存单个字符的字符外,它们还可以用于保存转义字符。转义符是有特殊用途的字符。它由一个反斜杠后跟一个字符组成,并用单引号括起来,常用转义字符如表 2-1 所示:

表 2-1 常用转义字符

转义字符	意 义	ASCII 码值(十进制)
\a	响铃(BEL)	007
\b	退格(BS),将当前位置移到前一列	008
\f	换页(FF),将当前位置移到下页开头	012
\n	换行(LF),将当前位置移到下一行开头	010

续表 2-1

转义字符	意　义	ASCII 码值(十进制)
\r	回车(CR)，将当前位置移到本行开头	013
\t	水平制表(HT)(跳到下一个 TAB 位置)	009
\v	垂直制表(VT)	011
\\	代表一个反斜线字符 ''\'	092
\'	代表一个单引号(撇号)字符	039
\"	代表一个双引号字符	034
\?	代表一个问号	063
\0	空字符(NUL)	000
\ddd	1 到 3 位八进制数所代表的任意字符	三位八进制
\xhh	十六进制所代表的任意字符	十六进制

假设你写了一行代码，如下所示：

```
char nl = '\n';
```

char 会保留一个换行符，如果在终端显示，代码将跳到下一行。

如果输入 '\t'，输出后将显示一个制表符：

```
char tb = '\t';
```

'\\' 将在输出中显示反斜杠。

可以使用转义符根据所要求输出相应的字符串，如下所示：

```
String hello_world = “hello\n world”;
```

输出如下：

```
Hello
World
```

这是因为转义符 '\n' 在 Hello 和 World 之间进行了换行。此外，还可以使用 Unicode 转义符 '\u' 以表示 Unicode 字符，Unicode 是一种国际编码标准，它为每个字符设定了统一并且唯一的数值，以满足跨语言，跨平台使用的要求，Unicode 的目标是支持世界上所有可用的语言。

2.3　布尔型(Boolean)

布尔变量(Boolean)是一种数据的类型，这种类型只有两种值，即真或假，真用 ture 表示，假用 False 表示。所以布尔类型只有 True 与 False 两个常量。如果我们将某些变量定义成布尔型，那么这些变量就是布尔变量，它们只能用于存放布尔值(ture 或

false)，例如：

```
VAR A,B:BOOLEAN
```

布尔类型是顺序类型。由于这种类型只有两个常量，Java 语言中规定 ture 的序号为 1，false 的序号为 0。若某种类型的常量是有限的，那么这种类型的常量通常都有一个序号，我们称这种类型为顺序类型。如前面我们学过的整型(int)，以及前面讲到的字符型(char)都是顺序类型。

要将一个值转换成对应的 boolean 值，可以调用转型函数 Boolean()，返回由 ToBoolean(value)计算出的布尔值(非布尔对象)，流程控制语句中的 if 语句会自动执行 Boolean 的转换，不同类型的数据对应的不同 boolean 值，如表 2-2 所示。

表 2-2　不同类型的数据对应的 boolean 值

数据类型	转换成 true 值	转换成 false 值
Boolean	true	false
String	任何非空字符	“”(空字符串)
Number	任何非零数值(包括无穷大)	0 和 NaN
Object	任何对象	null
Undefined		Undefined

2.4　浮点型

浮点数据类型是表示有小数部分的数字。例如 3.2、5.681 和 0.9734。Java 有两种浮点数据类型来表示带有小数部分的数字：

- float(单精度浮点数据类型)；
- double(双精度浮点数据类型)。

浮点数据类型有两种表示法：十进制格式和科学记数法。十进制格式是我们通常使用的普通格式，例如 5.4、0.0004 或 23423.67。科学记数法是用字母 e 或 E 来表示一个值在小数点后的位数，例如，科学记数法中的 0.0004 是 4e－4 或 4E－4。科学记数法中的数字 23423.67 应该是 2.342367e4 或 2.342367E4。

1. 单精度浮点数据类型(float)

float 专指占用 32 位存储空间的单精度(single - precision)值。单精度在一些处理器上比双精度更快，而且只占用双精度一半的空间，但是当值很大或很小的时候，单精度值将变得不精确。当数据需要包含小数部分，并且对精度的要求不高时，单精度浮点型的变量是很有用的。例如，当表示金额元和分时，单精度浮点型是非常有用的。浮点数后面跟字母 f 或 F，表示它们是单精度浮点数据类型，单精度浮点数据类型如下所示：

```
float a = 1.0f;
```

```
float b = 0.0002445f;
float c = 93647.6335567f;
```

单精度数据类型也可以用科学符号表示，如下所示：

```
float a = 1E0f;
float b = 2.445E-4f;
float c = 9.36476335567E+4f;
```

Java 语言还有一个单精度数据类型的类，可以封装单精度数据类型，并提供一些有用的特性。例如，要知道单精度数据类型中可用的最大和最小数字，可以调用以下命令：

```
float max = Float.MAX_VALUE;
float min = Float.MIN_VALUE;
```

当被零除时，单精度数据还具有表示正无穷大或负无穷大的值：

```
float max_inf = Float.POSITIVE_INFINITY;
float min_inf = Float.NEGATIVE_INFINITY;
```

浮点数支持两种类型的零：－0.0f 和＋0.0f。如前所述，浮点类型在内存中表示为近似值，因此即使是零也不是绝对零。当一个数被正零除，我们得到 Float.POSITIVE_INFINITY，当一个数被负零除，我们得到 Float. NEGATIVE_INFINITY。

单精度还有一个常量，用于表示非类型的数字，如下所示：

```
float nan = Float.NaN;
```

2. 双精度浮点数据类型(double)

double 占用 64 位的存储空间。在一些现代的，被优化用来进行高速数学计算的处理器上，double 型实际上比单精度的运行速度快。所有超出人类经验的数学函数，如 sin( )、cos( )、tan()和 sqrt( )均返回双精度的值。当你需要保持多次反复迭代计算的结果精确性时，或在运算很大的数字时，双精度型是最好的选择。双精度数据在末尾用 d 或 D 表示。在 Java 默认情况下，任何带有小数部分的数字都是双精度，因此通常不需要在末尾附加 d 或 D。双精度数据类型示例如下：

```
double d1 = 4.452345;
double d2 = 3.142;
double d3 = 0.123456;
double d4 = 0.000999;
```

与单精度浮点数一样，双精度也可以用科学符号表示：

```
double d1 = 4.452345E0;
double d2 = 3.142E0;
double d3 = 1.23456E-1;
double d4 = 9.99E-4;
```

同时,Java 还提供了一个名为双精度数据类型的类,其中包含一些有用的常量,如下面的代码所示:

```
double max = Double.MAX_VALUE;
double min = Double.MIN_NORMAL;
double max_inf = Double.POSITIVE_INFINITY;
double min_inf = Double.NEGATIVE_INFINITY;
double nan = Double.NaN;
```

同样,我们可以将 float 和 int 类型分配给 double,而相反却不行,以下是允许和禁止的一些示例操作:

```
int num = 100;              //正确
double d1 = num;            //正确
float f1 = 0.34f;           //正确
double d2 = f1;             //正确
double d3 = 'A';            //正确
int num = 200;              //正确
double d3 = 3.142;          //正确
num = d3;                   //错误
num = (int)d3;              //正确
```

测试 3　输入学生信息并输出学生 ID

学生输入他们的数据,然后输出一张简单的身份 ID。程序需要使用整数和字符串以及 java.util 包中的 scanner 类。

1. 导入 scanner 包并创建新类。
2. 以字符串形式导入学生姓名。
3. 以字符串形式导入大学名称。
4. 将学生的年龄作为整数导入。
5. 用 System.out.println 打印学生详细信息。
6. 运行程序后,输出应如下所示:

```
Here is your ID
*************************************
Name: Zhang San
University: Future University
Age: 19
*************************************
```

测试 4　计算装满水果盒的数量

张三是个种桃人。他从树上摘下桃子,把它们放进水果箱,然后装运。如果一个水果箱里装满了 20 个桃子,他就可以装运。如果只有不到 20 个桃子,他就得多摘些桃子，他必须凑满一个水果箱，然后才能运出去。

我们想帮助张三计算出他可以运送的水果盒的数量和留下的桃子的数量，根据他能摘到的桃子的数量。为此，请执行以下步骤：

1. 创建一个新类并输入 PeachCalculator 作为类名。
2. 导入包：java. util. Scanner。
3. 在 main()中使用 System. out. print 向用户请求 numberOfPeaches（桃子的数量）。
4. 计算 numberOfFullBoxes 和 numberOfPeachesLeft 的值。提示：使用整数除法。
5. 用 System. out. println 输出这两个值。
6. 运行主程序，输出应如下所示：

```
Enter the number of peaches picked: 55
We have 2 full boxes and 15 peaches left
```

第3章 流程控制

到目前为止,我们已经将讲解了Java编程的一些基本知识。但是,在某些情况下,我们可能需要根据程序的当前状态执行操作。

以ATM机中安装的软件为例,当它执行一系列操作时,需要用户先输入密码,即当用户输入的密码正确时,ATM机执行后续操作,但是,当输入的密码不正确时,软件会执行另一组操作,即通知用户密码不匹配,并要求用户重新输入密码。可以看出,类似这样的逻辑结构几乎存在于所有实际程序中。

还有一些时候,某个特定的任务可能需要重复执行,也就是说,在特定的时间段内,在设定次数内,或者直到满足某个条件前,程序可重复执行。继续以ATM机为例,如果输入错误密码,可重新输入,但是次数超过3次,则卡被冻结。

当我们朝着用Java语言构建复杂程序的方向发展时,这些逻辑结构充当了基本构造,这些基本构造可分为两类:语言条件语句和循环语句。本章将深入探讨这些基本构造。

3.1 条件语句

条件语句用于根据特定条件控制Java编译器的执行流,这意味着程序是根据某个值或程序的状态做出选择的。Java的条件语句主要包括以下四种:

- if语句;
- if-else语句;
- else-if语句;
- switch语句。

3.1.1 if语句

if语句是程序用来判定所给定的条件是否满足,然后根据判定的结果(真或假)决定执行给出的两种操作其中的一种,即if语句是一种分支结构,当条件满足时,“执行该操作语句”;不满足时,“跳过执行该操作语句”。if语句的格式如下所示:

```
if(条件){
//条件为真时要执行的操作
}
```

if语句的执行流程:首先判断关键词if后括号内条件表达式的值,如果该表达式的值为逻辑真(非 0),则执行 if 体,接着执行 if 体后的其他语句;若该表达式的值为逻辑假(0),则不执行该 if 体,直接执行 if 体后的其他语句。if 语句的执行流程如图 3-1 所示,由图可见,if 语句有两条执行分支。

例如:

```
int a = 9;
if(a<10){
    System.out.println("a is less than 10");
}
```

因为条件 a<10 为真,所以执行 print 语句。if 语句也可以检查条件中的多个值,例如:

```
if ((age > 50) && (age < = 70) && (age ! =
60)) {
    System.out.println("age is above 50 but at most 70 excluding 60");
}
```

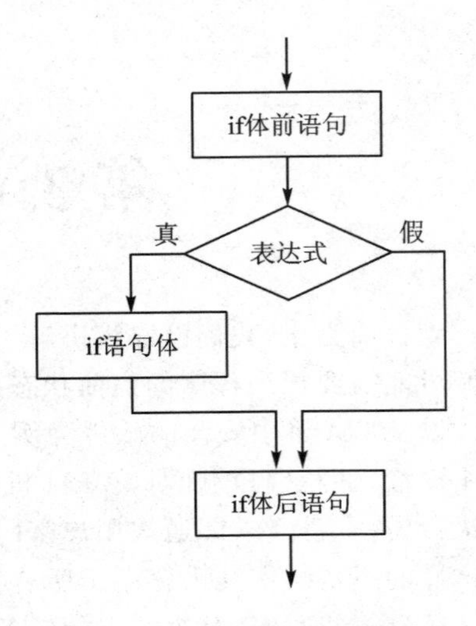

图 3-1 if 语句执行流程图

此段程序检查年龄(age)的值是否大于 50,小于 70,但是不等于 60。

当 if 语句体中的语句只有一行时,则不需要写大括号,如下所示:

```
if (color == 'Maroon' || color == 'Pink')
    System.out.println("It is a shade of red");
```

3.1.2 if-else 语句

如果我们需要在不同的情况下执行代码块,就需要使用 if-else 语句所示。当 if 语句体或 else 语句体中的语句多于一条时,要用大括号{}把这些语句括起来形成一条复合语句,if-else 语句的格式如下所示:

```
if(条件){
//条件为真时要执行的操作
}
else{
//条件为假时要执行的操作
}
```

if-else 语句的执行流程:首先判断关键词 if 后括号内条件表达式的值,如果该表达式的值为逻辑真(非 0),则执行 if 体(语句 A),而不执行 else 体(语句 B),然后继续执行 if-else 之后的其他语句;若该表达式的值为逻辑假(0),则不执行该 if 体(语句 A),而执行 else 体(语句 B),然后继续执行 if-else 之后的其他语句,if-else 语句的执行流程如图 3-2 所示。

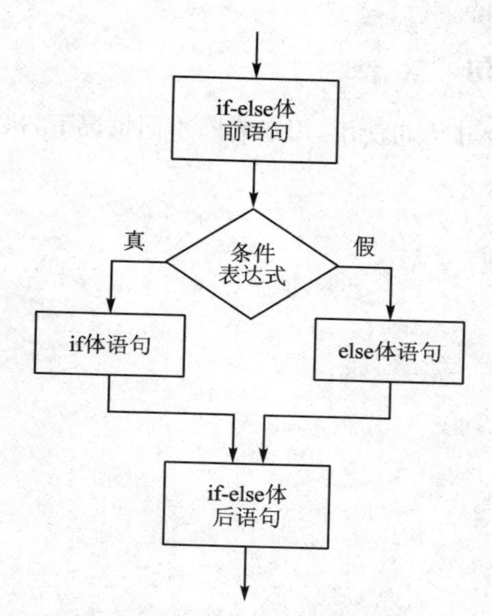

图 3-2 if-else 语句的执行流程

练习 设计一个简单的 if-else 语句

在这个练习中,我们将创建一个检查是否可以根据空座位数预订公共汽车票的程序。主要步骤如下所示:

1. 右键单击文件夹 src 并选择"New | Class"。
2. 输入类名 Booking,然后单击"OK"。
3. 设置 main 函数:

```
public class Booking{
    public static void main(String[] args){
    }
}
```

4. 初始化两个变量,一个用于空座位数,另一个用于请求的票数:

```
int seats = 3;//空座数
int req_ticket = 4;//请求票数
```

5. 使用该条件语句检查请求的票数是否小于或等于可用的空座位,并输出消息:

```
if( (req_ticket == seats) || (req_ticket < seats) )
    {
    System.out.print("This booing can be accepted");
    }else
        System.out.print("This booking is rejected");
```

6. 运行程序,输出如下所示:

```
This booking is rejected
```

3.1.3 else-if 语句

else-if 语句需要配合 if 语句使用，用于判断不同情况下，执行不同的语句。else-if 语句的格示如下所示：

```
if(条件 1){
//条件 1 为真时
}
    else if(条件 2){
    //条件 2 为真时
    }
    else if(条件 3){
    //条件 3 为真时
    }
    …
    …
    else if(条件 n){
    //条件 n 为真时作
    }
else{
//条件为假时
}
```

练习 实现 else-if 语句

构建一个电子商务应用程序，使程序可以根据卖家和买家之间的距离计算送货费。买家在网站上购买商品并输入送货地址，根据距离，程序计算出送货费用并显示给用户。在本练习中，我们需要根据表 3-1 编写一个程序，将送货费输出给用户：

表 3-1 距离及其相应费用

距离/千米	运费(元)
0-5	2
5～15	5
15～25	10
25～50	15
>50	20

为此，请执行以下步骤：

1. 右键单击文件夹 src 并选择“New | Class”。
2. 输入 DeliveryFee 作为类名，然后单击“OK”。
3. 打开创建的类，然后创建 main 函数，如下所示：

```
public class DeliveryFee{
    public static void main(String[] args){
    }
}
```

4. 创建两个整型变量，distance 和 fee。这两个变量将分别代表距离和运费。初始化 distance 为 10、fee 为 0：

```
int distance = 10;
int fee = 0;
```

5. 根据表 3-1 距离与费用的对应关系，使用 if 语句，如下所示：

```
if (distance > 0 && distance < 5)
{
    fee = 2;
}
```

此语句检查距离是否高于 0，但低于 5，并将运费设置为 2 元。

6. 添加 else-if 语句来检查表中的第二个条件，并设置运费为 5 元，如下所示：

```
else-if (distance >= 5 && distance < 15)
{
    fee = 5;
}
```

7. 再使用两个 else-if 语句来检查表中的第三个和第四个条件，代码如下所示：

```
else if (distance >= 15 && distance < 25)
{
 fee = 10;
}
 else if (distance >= 25 && distance < 50)
{
 fee = 15;
}
```

8. 最后，使用一个 else 语句来匹配表中的最后一个条件，并设置适当的运费，代码如下所示：

```
else
{
 fee = 20;
}
```

9. 输出运费：

```
System.out.println("Delivery Fee: " + fee);
```

10. 运行程序，输出如下所示：

```
Delivery Fee: 5
```

我们可以在 if 语句中继续使用 if 语句，此构造称为嵌套 if 语句。在嵌套 if 语句中，程序首先执行外部条件，如果成功，则执行第二个 if 语句，依此类推，直到所有 if 语句都执行完成,嵌套 if 语句的格示如下所示：

```
if (age > 20){
    if (height > 170){
        if (weight > 60){
            System.out.println("Welcome");
        }
    }
}
```

我们可以嵌套任意多个 if 语句,编译器将对它们按照从顶部向下的顺序进行运算。

3.1.4 switch 语句

switch 语句判断一个变量与一系列值中某个值是否相等,每个值称为一个分支。switch case 语句的格式如下所示：

```
switch(expression){
    case(1) :
        //语句 break;
    case(2) :
        //语句 break;
    …
    …
    case(n);
        //语句 break;
    default :
        //语句 }
```

switch 语句的使用规则如下所列：

1. switch 语句中的变量类型可以是 byte、short、int 或 char。从 Java SE 7 开始,switch 语句开始支持字符串 String 类型,同时 case 标签必须为字符串常量或字面常量。

2. switch 语句可以拥有多个 case 语句,每个 case 后面跟一个要比较的值和冒号。

3. case 语句中值的数据类型必须与变量的数据类型相同,而且只能是常量或者字面常量。

4. 当变量的值与 case 语句的值相等时,程序开始执行 case 语句之后的语句,直到 break 语句出现时,才会跳出 switch 语句。

5. 当遇到 break 语句时,switch 语句终止。程序跳转到 switch 语句后面的语句执行。case 语句必须要包含 break 语句,如果没有 break 语句出现,程序会继续执行下一条 case 语句,直到出现 break 语句。

6. switch 语句可以包含一个 default 分支,该分支一般是 switch 语句的最后一个分支(可以在任何位置,但建议在最后一个)。default 在没有 case 语句的值和变量值相等的时候执行,default 分支不需要 break 语句。

switch 语句执行时,一定会先进行匹配,匹配成功返回当前 case 的值,再根据是否有 break,判断是继续输出,还是跳出判断。

在比较同一个值是否相等时,switch 语句是执行多个语句的一种更简单、更简洁的方法。下面对 if-else 语句和 switch 语句进行一个快速的比较。

这是 if - else 语句的写法,如下所示:

```
if(age == 10){
    discount = 300;
} else if (age == 20){
    discount = 200;
} else if (age == 30){
    discount = 100;
} else {
    discount = 50;
}
```

但是,使用相同的逻辑,当使用 switch 语句实现时会更加的简洁,如下所示:

```
switch (age){
    case 10:
        discount = 300;
    case 20:
        discount = 200;
    case 30:
        discount = 100;
    default:
        discount = 50;
}
```

要使用 switch 语句,首先需要用关键字声明 case 语句,然后在括号中加一个条件。case 语句用于检查这些条件。编译器将根据所有大小写检查 case 的值,如果找到匹配项,则执行其中的代码以及其后的代码。以上面程序为例,如果输入的值等于 10,则第一个将匹配,然后匹配第二个、第三个。如果所有其他情况都不匹配,则执行 default case 后面的语句,因此,age 不是 10、20 或 30,则折扣将设置为 50。

大多数时候,我们真正希望的是程序能与 case 的值匹配,然后结束程序,因为如果第一个 case 语句匹配,那么其中的代码将被执行,其余的情况将被忽略,这样会节省运算时间。为了实现这一点,我们使用 break 语句来告诉编译器完成此项工作,break 语句代码如下所示:

```
switch (age){
    case 10:
```

```
            discount = 300;
            break;
        case 20:
            discount = 200;
            break;
        case 30:
            discount = 100;
            break;
        default:
            discount = 50;
    }
```

因为 default 是最后一个,所以我们可以安全地忽略 break 语句,因为无论如何,程序执行到最后都会结束。

测试 5　使用条件语句编程

工厂每小时付给工人 10 元,标准工作日为 8 小时,同时,工厂会对加班给予额外补偿。计算工资的规则如下:

- 如果一个人工作时间少于 8 小时,每小时数×10 元。
- 如果员工工作时间超过 8 小时,但少于 12 小时,额外工作时间为每小时 12 元。
- 工作时间超过 12 小时,补偿额外的一天工资。

创建一个包含条件语句的程序,该程序根据工作小时数计算并显示工人的工资。程序要满足此要求,请执行以下步骤:

1. 初始化两个变量以及工作时间和工资的值。
2. 在这种情况下,检查工人的工作时间是否低于规定的时间。如果条件成立,那么工资应该是(工作时间×10)。
3. 使用 else - if 语句检查工作时间是否在 8 小时到 12 小时之间。如果成立,那么前 8 个小时的工资应按每小时 10 元计算,其余时间按每小时 12 元计算。
4. 使用 else 语句作为默认值,每天 160 元。
5. 执行程序。

测试 6　开发温度系统

用 Java 编写一个基于温度显示简单消息的程序。程序应具备以下三个内容:

- 温度高:在这种情况下,建议用户使用防晒霜。
- 温度低:在这种情况下,建议用户穿外套。
- 温度潮湿:在这种情况下,建议用户打开窗户。

请执行以下步骤:

1. 声明两个字符串,temp 和 weatherWarning;
2. 对 temp 进行初始化:温度高、低或湿度;
3. 创建一个 switch 语句来检查 temp 的不同情况;

4. 对于每个 temp,输出 weatherWarning 的适当消息;
5. 在默认情况下,初始化为"The weather looks good. Take a walk outside";
6. 完成 switch 构造后,输出 weatherWarning;
7. 运行程序查看输出,结果如下所示:

```
Its cold outside, do not forget your coat.
```

3.2 循环结构

循环结构可以看成是一个条件判断语句和一个向回转向语句的组合,循环结构需要具备三个要素:循环变量、循环体和循环终止条件。循环结构在程序框图中是利用判断框来表示,判断框内写上条件,两个出口分别对应着条件成立和条件不成立时所执行的不同指令,其中一个要指向循环体,然后再从循环体回到判断框的入口处。比如,我们要求从 1 到 100 的所有数字的总和,就需要循环结构。Java 支持以下循环结构:

- for 循环。
- for - each 循环。
- while 循环。
- do - while 循环。

3.2.1 for 循环

for 循环的语句格式如下所示:

```
for(单次表达式;条件表达式;末尾循环体)
{
中间循环体;
}
```

其中,表达式可以省略,但分号不可省略,因为“;”可以代表一个空语句,省略了之后语句减少,即语句格式发生变化,则编译器不能识别而无法进行编译。

for 循环小括号里第一个“;”号前为一个不参与循环的单次表达式,其可作为某一变量的初始化赋值语句, 用来给循环控制变量赋初值; 也可用来计算其他与 for 循环无关,但先于循环部分处理的一个表达式。“;”号之间的条件表达式是一个关系表达式,其为循环的正式开端,当条件表达式成立时执行中间循环体。执行的中间循环体可以为一个语句,也可以为多个语句,当中间循环体只有一个语句时,其大括号{}可以省略,执行完中间循环体后接着执行末尾循环体。执行末尾循环体后将再次进行条件判断,若条件还成立,则继续重复上述循环,当条件不成立时则跳出当下 for 循环。

初始化语句在循环开始执行时执行,它可以是多个表达式,全部用逗号分隔,所有的表达式都必须有相同类型,如下所示:

```
for(int i = 0,j = 0;i< = 9;i ++ )
```

循环条件部分的计算结果必须为真或假,如果没有表达式,则条件默认为真。只要条件为真,表达式部分就会在语句的每次迭代之后执行。可以使用逗号分隔多个表达式。for 循环运行的步骤,如下所示:

1. 初始化。
2. 检查条件,如果条件为真,则执行 for 循环中语句。
3. 执行语句后,执行表达式,再次检查条件。
4. 如果仍然是真,则再次执行语句,然后执行表达式,并再次检查条件。
5. 重复此操作,直到条件为假。
6. 当条件为假时,循环完成,循环后的代码不再被执行。

练习　设计一个简单的 for 循环

要按递增和递减顺序输出所有个位数,请执行以下步骤:

1. 右键单击文件夹 src,并选择“New | Class”。
2. 输入 Looping 作为类名,然后单击“OK”。
3. 设置 main 函数,如下所示。

```
public class Looping
    {
            public static void main(String[] args) {
            }
        }
```

4. 设置一个循环,将变量初始化为零,如下所示。

```
System.out.println("Increasing order");
    for( int i =  0; i < = 9; i++)
System.out.println(i);
```

5. 实现另一个循环,在 9 处初始化一个变量:

```
System.out.println("Decreasing order");
    for( int k =  9; k >= 0; k--)
System.out.println(k);
```

输出如下所示:

```
Increasing order
0
1
2
3
4
5
```

```
Decreasing order 9
8
7
6
5
4
3
```

```
6                                   2
7                                   1
8                                   0
9
```

测试7 编程实现for循环

老李是一个桃农,他从树上摘下桃子,把它们放进水果箱里,然后装运。如果一个水果箱里装满了20个桃子,他就可以装运。如果不到20个桃子,他就得多摘些桃子,需要凑齐20个桃子装满一个水果箱,然后运出去。

我们想帮助老李编写一个自动化软件,可以从老李那里得到桃子的数量,然后为每组20个桃子输出一条信息,告诉我们到目前为止已经装运了多少桃子。例如,我们在第三个盒子上印上了"目前已发货60个桃子"。我们想用一个for循环来完成此任务,为此,请执行以下操作步骤:

1. 创建一个新类并输入类名称peachboxcounter。
2. 导入包:java. util. Scanner。
3. 在main函数向用户请求打印桃子数量。
4. 编写一个for循环,对目前为止已装运的桃子进行计数。从零开始,增加20,直到剩下的桃子少于20。
5. 在循环中,打印出这样装运的桃子的数量。
6. 运行主程序,输出如下所示。

```
Enter the number of peaches picked: 42
shipped 0 peaches so far
shipped 20 peaches so far
shipped 40 peaches so far
```

循环的所有三个部分都是可选的,这意味着对于这样一个for(;;)循环,该行只是进入了一个循环,但是不执行任何操作,也不会终止。在for循环声明中声明的变量可在其声明的循环语句中使用,例如,在练习8中,程序for语句输出的变量是在循环中已经声明的,但是,此变量在循环之后不可用,可以自由声明,但不能在循环内重复声明,如下所示:

```
for(int i = 0;i<= 9;i++)
int i = 10;//错误,已经声明了 i
```

如果我们有多个语句,for循环也可以用大括号{ }括住语句,如果我们只有一个语句,那么就不需要大括号。在下面的示例中,程序输出i,j的值:

```
for (int i = 0, j = 0; i <= 9; i++, j++){
System.out.println(i);
```

```
System.out.println(j);
}
```

break 语句

break 语句可用于程序中断循环并跳出循环。例如,如果 i 等于 5,我们可能希望终止前面创建的循环,如下所示:

```
for(int i = 0;i< = 9;i ++ ){
    if (i == 5)
    break;
System.out.println(i);
}
```

输出如下:

```
0
1
2
3
4
```

前面的循环从 0、1、2 和 3 迭代,并在 4 处终止,这是因为在满足条件(即 5)之后,将执行 break 语句,从而结束循环,而循环之后的语句将不再执行。

continue 语句用于告诉循环跳过它之后的所有其他语句并继续执行到下一个语句迭代如下所示:

```
for (int i = 0; i <= 9; i++){
    if (i == 5)
    continue;
System.out.println(i);
}
```

输出如下:

```
0
1
2
3
4
6
7
8
9
```

程序没有输出数字 5,是因为一旦遇到 continue 语句,它后面的其余语句将被忽略,并开始下一次迭代。

3.2.2 嵌套 for 循环

嵌套 for 循环就是程序根据外层语句的条件，判断里层语句能否执行，如果能执行，就把里层语句都循环完毕后，再继续执行外层，继续判断。事实上 for 循环嵌套的层数也不能太多，通常为两个 for 循环的嵌套，超过两个的极少使用。与单个 for 循环相比，多个 for 循环的嵌套在逻辑上更复杂一点，如下所示：

```
public class Nested{
    public static void main(String []args){
        for(int i = 1; i <= 3; i++){
    for(int j = 1; j <= 3; j++) {
        System.out.print(i + "" + j);
        System.out.print("\t");
    }
    System.out.println();
    }
}
```

输出如下：

```
11    12    13
21    22    23
31    32    33
```

对于每个 i 的单循环，程序循环了 j 次。你可以把这些循环看作对 i 重复三次，每重复一次 i，重复三次 j，这样，我们总共有 9 个迭代，对于每次迭代，程序都会输出 i j 的值。

练习 9 嵌套 for 循环

本练习的目标是打印一个包含七行 * 的金字塔，如图 3-3 所示：

```
       *
      ***
     *****
    *******
   *********
  ***********
 *************
***************
```

图 3-3 七行金字塔

要实现此目标，请执行以下步骤：

1. 右键单击文件夹 src 并选择“New | Class”。

2. 输入 NestedPattern 作为类名，然后单击“OK”。

3. 在 main 函数中，创建一个循环，该循环将变量 i 初始化为 1，引入条件，使 i 的值最多为 15，并将 i 的值增加 2，代码如下所示：

```
public class NestedPattern{
    public static void main(String[] args) {
        for (int i = 1; i <= 15; i += 2) {
        }
    }
}
```

4. 在这个循环中，再创建两个循环，一个用于打印空格，另一个用于打印 *，代码如下所示：

```
for (int k = 0; k < (7 - i/2); k++) {
    System.out.print(" ");
    }
for (int j = 1; j <= i; j++) {
    System.out.print("*");
    }
```

5. 在外部循环中，添加以下代码完成换行：

```
System.out.println();
```

6. 运行程序，您将看到生成的金字塔，如图 3-3 所示。

3.2.3 for-each 循环

for-each 循环是 Java 针对 for 循环拓展而来的一种新的遍历数组的循环方式，其相对于一般的 for 循环更方便，而且更易查找数组内的变量。for-each 循环与我们常见的 for 循环不同的是，for 循环是通过循环控制变量，对数组中不同位置处的元素进行遍历，而 for-each 循环是通过对应该与数组内元素类型相同的变量进行遍历，直接得到数组内从下标为 0 的位置至最后一个位置元素的元素值，这样便于数组内元素的查找，比如在数组内，我如果需要找到是否有某个元素，而不用返回元素对应的数组下标时，for-each 循环是一个不错的选择，让我们看看如下所示的循环：

```
int[]arr = {1,2,3,4,5,6,7,8,9,10};
for (int i = 0; i < 10; i++){
    System.out.println(arr[i]);
}
```

在本例中，第一行声明一个整数数组，变量 arr 保存 10 个整数的集合，然后我们使用从0到10的循环，输出这个数组的元素。我们之所以使用i<10，是因为最后一项是9，而不是10，这是因为数组的元素以索引0开头。第一个元素是arr[0]、第二个是arr[1]、第三个是arr[2]、依此类推，程序将返回第一个元素1、第二个元素2、第三个元素3、…。这个循环可以用一个较短的for-each循环来代替，如下所示：

```
for( 类型项：数组或集合){
    //为数组或集合中的每个项执行的代码
}
```

对于前面的例子，如果使用for循环：

```
for(int item : arr){
    System.out.println(item);
}
```

int item是程序所在数组中的当前元素，for-each循环将迭代数组中的所有元素。请注意，我们之前不需要在循环中使用arr[i]，这是因为循环会自动为我们提取值。此外，我们不需要使用额外的int i来保持当前索引，并检查是否低于10(i<10)，因为for-each循环较短，可以自动检查值的范围是否在数组中。

例如，我们可以使用循环打印数组中所有元素的平方，如下所示：

```
for(int item : arr){
    int square = item * item;
    System.out.println(square);
}
```

输出如下：

```
1
4
9
16
25
36
49
64
81
100
```

3.2.4 while和do-while循环

有时，我们希望重复执行某些语句，也就是说，只要某个布尔条件为真，就要执行循环。这种情况需要我们使用while循环或do-while循环。while循环首先检查布尔语句，如果布尔值为真，则执行一个代码模块，否则将跳过该模块；do-while循环在检查布尔条件之前首先执行一次代码模块。两者的区别是：如果希望代码至少执行一次，请使用do-while循环；如果希望在第一次执行之前首先检查布尔条件，则使用while循环。以下是 while 循环和 do - while 循环的代码示例：

1. while 循环

```
while(条件){
//执行循环
}
```

2. do - while 循环

```
do {
//执行循环
}
while(条件);
```

while 和 do-while 循环的主要区别有以下两点。

1. 循环结构的表达式不同

while 循环结构的表达式为：while(表达式){循环体}。

do-while 循环结构表达式为：do{循环体;}while (条件表达)。

2. 执行时判断方式不同

while 循环执行时，只有当程序满足条件时才会进入循环，进入循环后，执行完循环体内全部语句至当程序条件不满足时，再跳出循环。

do-while 循环将先运行一次程序，执行完一次后，检查条件表达式的值是否成立，值成立时进入循环，其值为不成立时退出循环。

例如，要使用 while 循环输出从 0 到 10 的所有数字，我们可以使用以下代码：

```
public class Loops {
    public static void main(String[] args){
        int number = 0;
        while (number <= 10){
            System.out.println(number);
            number ++ ;
        }
    }
}
```

我们也可以使用 do - while 循环，代码如下所示：

```
public class Loops {
    public static void main(String[] args){
        int number = 0;
        do {
              System.out.println(number);
              number ++ ;
          }while (number <= 10);
        }
```

```
    }
```

输出均为：

```
0
1
2
3
4
5
6
7
8
9
10
```

在 do-while 循环中，条件是在最后被求值的，因此至少会执行循环语句一次。

练习 while 循环

要使用 while 循环打印 Fibonacci 级数中的前 10 个数字，请执行以下操作步骤：

1. 右键单击文件夹 src 并选择“New | Class”。
2. 输入 FibonacciSeries 作为类名，然后单击“OK”。
3. 声明 main 函数，如下所示：

```
public class FibonacciSeries {
    public static void main(String[] args) {
        int i = 1, x = 0, y = 1, sum = 0;
    }
}
```

这里 i 是计数器，x,y 存储 Fibonacci 级数的前两个数字，sum 是一个变量，用于计算变量 x 和 y 的和。

4. 使用 while 循环，条件为计数器 i 不超过 10，如下所示：

```
while(i<=10)
{
}
```

5. 在 while 循环中，实现逻辑以打印 x 的值，然后将适当的值分配给 x，y，以便 sum 始终打印最后一个和倒数第二个的数字的和，如下所示：

```
System.out.print(x + " ");
sum = x + y;
x = y;
y = sum;
i++;
```

测试 8　while 循环

张三从树上摘下桃子，把它们放进水果箱，然后装运。如果一个水果箱里装满了 20 个桃子，他就可以装运。如果不到 20 个桃子，他就得多摘些桃子，凑足 20 个桃子装满一个水果箱，然后运出去。

帮助张三编写一个自动化软件，计算运输的箱子。我们从张三那里得到桃子的数量，然后为每组 20 个桃子输出一条信息，告诉我们已经装运了多少箱桃子，还有多少桃子，例如，“2 箱已装运，剩余 54 个桃子”。需要用一个 while 循环来设计这个程序。与之前的 for 循环相比，我们还需要计算剩余桃子的数量，为此，请执行以下操作步骤：

1. 创建一个新类并输入类名称 peachboxcounter。

2. 导入包：java. util. Scanner。

3. 用 main 函数于向用户请求输出桃子的数量。

4. 创建变量. numberOfBoxesShipped。

5. 使用 while 循环，因为我们至少有 20 个桃子。

6. 在循环中，从中移除 20 个桃子并增加箱子的数量，箱数由 1 开始，并打印这些值。

7. 运行主程序，输出如下所示：

```
Enter the number of peaches picked: 42
1 boxes shipped, 22 peaches remaining
2 boxes shipped, 2 peaches remaining
```

测试 9　循环结构

创建一个订餐系统，以便当用户提出用餐请求时，根据餐厅剩余的座位数来决策预定信息。要创建这样的程序，请执行以下步骤：

1. 导入从用户读取数据所需的包。

2. 声明变量以存储可用座位总数、剩余座位数和请求的人数。

3. 在 while 循环中，使用 if - else 语句检查请求循环是否有效，因为请求的人数要小于座位数。

4. 如果上一步中的逻辑为真，则输出一条消息以显示预定已处理，将剩余座位设置为适当的值，并请求下一组预定。

5. 如果步骤 3 中的逻辑为假，则输出一条适当的消息，并跳出循环。

测试 10　带嵌套的循环

张三从树上摘下桃子，把它们放进水果箱，然后装运。如果一个水果箱里装满了 20 个桃子，他就可以装运。如果他只有不到 20 个桃子，他就得多摘些桃子，凑足 20 个桃子装满一个水果箱，然后运出去。

帮助张三编写一个自动化软件，计算运输的箱子数量。在这个新版本的软件中，我们将让张三根据自己的选择分批运送桃子，并将上一批剩余的桃子与新一批一起使用。我们从张三那里得到桃子的输入数量，并将其添加到当前桃子的数量中。然后，我们为每组 20 个桃子输出一条信息，并说明已经装运了多少箱桃子，还有多少桃子，例如，"2 箱已装运，剩余 54 个桃子"。使用循环来完成这个设计。同时，还要有另一个循环来获取下一批桃子的数量，如果没有，则循环退出。为此，请执行以下操作步骤：

1. 创建一个新类并输入类名称 peachboxcount。
2. 导入包：java. util. Scanner。
3. 创建变量和变量. numberOfBoxesShipped 桃子数量。
4. 在 main 函数中，写一个无限循环。
5. 用 System. out. print 向用户请求。如果传入的桃子为零，那么就从这个无限循环中跳出来，并打印箱子的收入编号。
6. 将传入的桃子添加到现有桃子中。
7. 写一个 while 循环，至少有 20 个桃子。
8. 在 for 循环中，从中移除 20 个桃子并增加箱数，从 1 开始，并打印这些值。
9. 运行主程序，输出如下所示：

```
Enter the number of peaches picked: 23
1 boxes shipped, 3 peaches remaining
Enter the number of peaches picked: 59
2 boxes shipped, 42 peaches remaining
3boxes shipped, 22 peaches remaining
4boxes shipped, 2 peaches remaining
Enter the number of peaches picked: 0
```

第4章 面向对象程序设计

到目前为止,我们已经了解了Java的基础知识,以及如何使用条件语句和循环语句等简单编程知识。这些基本思想对于构建简单程序时非常有用,但是,要构建和维护大型复杂的程序,基本类型和构造是不够的。Java真正强大的原因在于它是一种面向对象的编程语言,可以有效地构建和集成复杂的程序,同时保持程序一致的结构,使其易于扩展、维护和重新使用。

在本章中,我们将介绍面向对象程序设计(Object Oriented Programming,OOP)的编程模式,它是Java编程的核心。我们将讲解如何在Java中实现面向对象程序设计,以及如何实现它来设计更好的程序。

本章中,首先讲解面向对象程序设计的定义和它的基本原理,然后讲解面向对象程序设计的结构,最后讲解继承。

同时,在本章中,我们将用Java编写几个简单的面向对象程序设计的应用程序。

4.1 面向对象程序设计的特点和原则

面向对象程序设计是一种计算机编程架构,一条基本的原则是计算机程序由多个能够起到子程序作用的单元或对象组合而成。面向对象程序设计实现了软件工程的三个主要目标:重用性、灵活性和扩展性。面向对象程序设计等于"对象+类+继承+多态+消息",其中核心概念是类和对象。

面向对象程序设计的方法是尽可能模拟人类的思维方式,使软件的开发方法与过程尽可能接近人类认识世界、解决现实问题的方法和过程相似,使得描述问题的空间与问题的解决方案在空间和结构上尽可能与现实世界一致,把客观世界中的实体对象抽象为程序中的对象。

面向对象程序设计是以对象为核心,该方法认为程序由一系列对象组成。类是对现实世界对象的抽象,包括表示静态属性的数据和对数据的操作,对象是类的实例化,对象间通过消息传递实现相互通信,来模拟现实世界中不同实体间的联系。在面向对象程序设计中,对象是组成程序的基本模块。

面向对象程序设计有以下三个特点。

1. 封装性。

封装是指将一个计算机系统中的数据以及与这个数据相关的一切操作语言(即描述每一个对象的属性以及其行为的程序代码)组装到一起,一并封装在一个有机的实体中。在面向对象技术的相关原理以及程序语言中，封装的最基本单位是对象，使软件结构的相关部件实现“高内聚、低耦合”的“最佳状态”便是面向对象技术的封装性所需要实现的最基本的目标。对于用户来说，对象是如何对各种行为进行操作、运行、实现等细节是不需要刨根问底了解清楚的，用户只需要通过封装外的通道对计算机进行相关方面的操作即可。这样大大地简化了软件操作的步骤，使用户使用起计算机来更加高效、更加得心应手。

2. 继承性。

继承就是指后者延续前者的某些方面的特点，而在面向对象程序设计中是指一个对象针对于另一个对象的某些独有的特点、能力进行复制或者延续。继承性是面向对象程序设计的另外一个重要特点，其主要指的是两种或者两种以上类之间的联系与区别。如果按照继承源进行划分，则可以分为单继承(一个对象仅仅从另外一个对象中继承其相应的特点)与多继承(一个对象可以同时从另外两个或者两个以上的对象中继承所需要的特点与能力，并且不会发生冲突等问题)；如果从继承中包含的内容进行划分，则继承可以分为四类，分别为取代继承(一个对象在继承另一个对象的能力与特点之后将父对象进行取代)、包含继承(一个对象在将另一个对象的能力与特点进行完全的继承之后，又继承了其他对象所包含的相应内容，结果导致这个对象所具有的能力与特点大于等于父对象，实现了对于父对象的包含)、受限继承和特化继承。

3. 多态性。

从宏观的角度来讲，多态性是指在面向对象程序设计中，当不同的多个对象同时接收到同一个完全相同的消息之后，所表现出来的动作是各不相同的，具有多种形态；从微观的角度来讲，多态性是指在一组对象的一个类中，面向对象技术可以使用相同的调用方式来对相同的函数名进行调用，即便这若干个具有相同函数名的函数所表示的函数是不同的。

面向对象程序设计的原则主要包含以下四个原则。

- 继承：我们将学习如何通过使用类的层次结构和从派生类继承行为来重新使用代码。
- 封装：我们将学习如何在程序中提供一致的接口以通过函数与对象交流信息的同时，隐藏外部世界的实现细节。
- 抽象：我们将学习如何将程序设计集中在对象的重要细节。
- 多态性：我们还将了解如何定义抽象行为的多态性，并让其他类实现这些行为。

4.2 面向对象程序设计的编程范式

编程范式是一种编写程序的风格，不同的语言支持不同的范式，一种语言也可以支持多种范式。面向对象程序设计是一种处理对象的编程风格，其中的对象是具有保存其数据的属性和操作数据方法的实体。

在面向对象程序设计中,我们主要处理类(classes)和对象(objects)。对象是真实世界项目的表示,对象具有与其相关联的属性和可以执行的操作。例如,汽车有车轮、车门、发动机和齿轮,这些都是属性,它们可以执行诸如运动、制动和停车等操作,这些都称为方法。在面向对象程序设计中,我们将类定义为项目的蓝图,将对象定义为类的实例。类就像是一个人,而对象就是学生或讲师,这些是属于一个由人组成的群体。前面举例已经讲到,类用于表示所有人,而不管他们的性别、年龄或身高。从这个类中,我们可以创建特定的人员示例,如我、朋友或邻居。

4.3 类

类是 Java 编程中一种重要的引用数据类型,也是组成 Java 程序的基本要素,因为所有的 Java 程序都是基于类来运行的,本节将介绍如何定义类。

在 Java 中定义一个类,需要使用类关键字、自定义的类名和一对表示程序体的大括号。定义类的完整语法如下所示:

```
public][abstract|final]class<class_name>[extends<class_name>][implements<inter-
face_name>]{
    // 定义属性部分
    <property_type><property1>;
    <property_type><property2>;
    <property_type><property3>;
    …
    // 定义方法部分
    function1();
    function2();
    function3();
    …
}
```

上述语法中各关键字的意义如下所列:

public:表示“共有”的意思。如果使用 public 修饰,则表示其可以被其他类和程序访问。每个 Java 程序的主类都必须是 public 类,同时,作为公共工具供其他类和程序使用的类也应定义为 public 类。

abstract:如果类被 abstract 修饰,则该类为抽象类,抽象类不能被实例化,但抽象类中可以有抽象方法(使用 abstract 修饰的方法)和具体方法(没有使用 abstract 修饰的方法)。继承该抽象类的所有子类都必须实现该抽象类中的所有抽象方法(除非子类也是抽象类)。

final:如果类被 final 修饰,则不允许被继承。

class:声明类的关键字。

class_name:类的名称。

extends：表示继承其他类。

implements：表示实现某些接口。

property_type：表示成员变量的类型。

property：表示成员变量名称。

function()：表示成员方法名称。

Java 类名的命名规则：

(1) 类名应该以下划线"_"或字母开头，最好以字母开头。

(2) 第一个字母最好大写，如果类名由多个单词组成，则每个单词的首字母最好都大写。也就是说，第一个单词应该以大写字母开头，所有内部单词的第一个字母都应该大写，例如，Cat、CatOwner 等。

(3) 类名应该是描述性的，不应该仅是一个字母，除非这个字母是广为人知的。

(4) 类名不能为 Java 中的关键字，例如不能是 boolean、this 和 int 等。

(5) 类名不能包含任何嵌入的空格或点号，以及除了下划线"_"和美元符号"$"字符之外的特殊字符。

创建一个新的类，就是创建一个新的数据类型；实例化一个类，就是得到类的一个对象。因此，对象就是一组变量和相关方法的集合，其中变量表明对象的状态和属性，方法表明对象所具有的行为，定义一个类的步骤如下所述。

(1) 声明类。编写类的最外层框架，例如，声明一个名称为 Person 的类，代码如下所示。

```
public class Person {
    // 类的主体
}
```

(2) 类的属性。类中的数据和方法统称为类的成员，其中，类的属性就是类的数据成员。通过在类的主体中声明变量来描述类所具有的属性，声明的变量称为类的成员变量。

(3) 类的方法。类的方法描述了类所具有的行为，是类的方法成员。可以简单地把方法理解为独立完成某个功能的单元模块。

下面来定义一个简单的 Person 类。

```
public class Person {
    private String name;     // 姓名
    private int age;     // 年龄
    public void tell() {
        // 定义说话的方法
        System.out.println(name + age);
    }
}
```

如上述代码所示，在 Person 类中首先定义了两个属性，分别为 name 和 age，然后定义了一个名称为 tell() 的方法。

练习　使用类和对象

1. 打开 IntelliJ IDEA 并创建一个名为 Person.java 的文件。

2. 创建一个具有三个属性的公共类 Person，三个属性分别为 age、height 和 name。age 和 height 属性将保存整数值，而 name 属性将保存字符串值，代码如下所示：

```
public class Person {
//Properties int age;
int height;
String name;
```

3. 定义三种方法：walk()、sleep()和 takeShower()。为每种方法编写语句，以便输出相关数据，代码如下所示：

```
public void walk(){
    out.println("Walking...");
    }
public void sleep(){
    System.out.println("Sleeping...");
    }
private void takeShower(){
    System.out.println("Taking a shower...");
    }
```

4. 现在，将参数 speed 传递给 walk()方法。如果参数 speed 大于 10，则输出 walking，否则不输出，代码如下所示：

```
public void walk(int speed){
    if (speed > 10)
    {
System.out.println("Walking...");
}
```

5. 既然有了 Person 类，就可以使用新的关键字 new 创建三个新的对象，代码如下所示：

```
Person me = new Person();
Person myNeighbour = new Person();
Person lecturer = new Person();
```

me 变量现在是 Person 类的对象，它代表了一种特殊类型的人，有了这个对象，我们可以做任何我们想做的事情，比如调用 walk()方法、调用 sleep()方法等，只要类中有方法，我们就可以这样做。稍后，我们将研究如何将所有这些方法添加到类中。

练习 使用 Person 类,调用类的成员函数

1. 在 IntelliJ 中创建一个名为 PersonTest 的类。
2. 在 PersonTest 类内部,创建 main 函数。
3. 在 main 函数内部,创建 Person Test 类的三个对象,代码如下所示:

```
public static void main(String[] args){
    Person me = new Person();
    Person myNeighbour = new Person();
    Person lecturer = new Person();
```

4. 调用第一个对象 walk(),代码如下所示。

```
me.walk(20);
me.walk(5);
me.sleep();
```

5. 运行类,输出如下所示:

```
Walking...
Sleeping…
```

6. 用 myNeighbour 和 lecturer 对象完成和 me 对象同样的任务,代码如下所示:

```
myNeighbour.walk(20);
myNeighbour.walk(5);
myNeighbour.sleep();

lecturer.walk(20);
lecturer.walk(5);
lecturer.sleep();
}
```

7. 再次运行程序,输出如下所示:

```
Walking...
Sleeping...
Walking...
Sleeping...
Walking...
Sleeping...
```

在本例中,我们创建了一个名为 PersonTest 的类,并在其中创建了该类的三个对象,然后我们调用这三个对象。从这个程序中可以看出,类是一个蓝图,我们可以根据它创建任意多个对象;我们可以单独操作这些对象,因为它们是完全独立的;我们可以像传递其他变量一样传递这些对象,甚至可以将它们作为参数传递给其他对象,这就是面向对象程序设计的灵活性。

4.4 构造函数

构造函数是 java 函数中一种特殊的函数，定义方法与定义类名完全相同，比如我们定义一个学生类，定义其构造函数，代码如下所示。

```
Class Student{
    String id;
    String name;
    int age;
}
//无参构造
public Student(){
}
//有参构造
public Student(String id, String name, int age){
    String id;
    String name;
    int age;
}
```

1. 构造函数特点

(1) 构造函数名与类名完全相同。

(2) 构造函数无返回值类型。

(3) 构造函数可以有参数，也可以没有参数；既可以有一个参数，也可以有多个参数。

(4) 可以对构造函数进行函数重载(在同一个类中定义多个函数名相同，参数不同的函数叫函数重载)。

(5) 当我们定义类后不声明任何构造函数，则 java 虚拟机会帮我们创建一个空参构造。假如我们声明了一个有参构造，java 虚拟机就不会帮我们创建这个空参构造，此时我们想用空参构造创建一个对象，那么就必须在类中声明一个空参构造。

2. 构造函数作用

构造函数是面向对象编程所需要的，它主要有两个作用。

(1) 创建对象。使用“new 构造函数名()”来创建对象。

(2) 对象属性设置初值。构造函数创建对象后，可以对对象属性设置初值，无参构造函数设置的是 null 或者 0；有参构造设置的是相应的初值。

3. 子类与父类的构造函数

构造函数不能继承，只能调用。子类构造函数中第一句有一个隐藏的 super()语句，该语句是调用父类的空参构造函数。如果父类有一个有参构造，那么子类必须声明一个有参的 super()函数，否则程序会报错。

4. 构造函数私有化

当构造函数私有化后，我们不能在外部类中实例化这个类，即不能创建这个类的对象，只能在本类内部创建对象，然后对外提供返回对象的方法，此时提供的对象是唯一的。

为了能够创建一个类的对象，我们需要一个构造函数，当您想要创建类的对象时，程序会调用这个创建的构造函数。当我们没有创建构造函数时，Java 为我们创建一个空的默认构造函数，它不带参数。如果一个类是在没有构造函数的情况下创建的，我们仍然可以使用默认构造函数。我们之前使用的 person 类就是一个很好的例子，当我们想要一个新的类对象时，可以这样写，代码如下所示：

```
Person me = new Person();
```

默认构造函数是 Person()，它返回类的新实例。然后将这个返回的实例赋给变量 me。

构造函数与其他方法基本相同，但是还有以下不同：

- 构造函数与类同名。
- 构造函数可以是 public 或 private。
- 构造函数不返回任何内容，包括 void。

构造函数使用示例，代码如下所示：

```
public class Person {
//属性;
    int height;
    String name;
//构造
public Person(int myAge){ age = myAge;
}
//方法
    public void walk(int speed){
        if (speed > 10)
        System.out.println("Walking...");
    }
    public void sleep(){
        System.out.println("Sleeping...");
        }
    private void takeShower(){
        System.out.println("Taking a shower...");
    }
}
```

此构造函数接受一个 myAge 参数，是一个整数，并将其值赋给类中的 age。我们可以使用构造函数再次创建对象 me，这次是通过类中的 age，代码如下所示：

```
Person me = new Person(30);
```

4.5 This 的用法

在 Person 类中，我们看到了下面的构造函数：

```
age = myAge;
```

在这一行代码中，我们将当前对象 age 中的变量设置为新值 myAge，myAge 作为参数传入。当我们想要引用程序正在处理的当前对象中的属性时，我们可以使用关键字 this。例如，我们可以将前一行重写为以下形式：

```
this.age = myAge;
```

在这行中，this. age 用于引用程序正在处理的当前对象 age 中的属性，this 用于访问当前对象的实例变量。例如，在上一行中，我们将当前对象 age 的参数传递给构造函数。除了引用当前对象外，this 还可以用于调用类中的其他构造函数(如果有多个构造函数)。在 Person 类中，我们将创建第二个不带参数的构造函数，如果调用这个构造函数，它将调用我们用默认值为 28 创建的另一个构造函数，程序如下所示。

```
public Person(int myAge){
    this.age = myAge;
    }
public Person(){
    this(28);
    }
```

现在，当运行 Person me = new Person()时，第二个构造函数将调用设置为 28 的第一个构造函数，第一个构造函数将当前对象 age 的值设置为 28。

测试 11　用 Java 创建一个简单的类

我们想要为一个动物农场创建一个程序，在这个程序中，我们需要跟踪农场上所有的动物。首先，我们需要创建一个表示单个动物的动物类；然后创建该类的参数实例来表示不同的动物。这个测试的目的是了解如何在 Java 中创建类和对象。

1. 在 IDE 中创建一个新项目，并将其命名为 Animals。
2. 在项目的文件夹 src 下，创建文件夹 Animal. java。
3. 创建一个名为 Animal 的类，并添加实例变量 legs、ears、eyes、family 和 name。
4. 定义一个不带参数的构造函数，并初始化 legs 的值为 4、ears 的值为 2。

5. 定义另一个参数化构造函数，参数为 legs、ears、eyes。

6. 为 name 和 family 添加构造函数。

7. 创建另一个名为 Animals.java 的文件，定义 main 函数，并创建两类动物。

8. 用两个 legs，两个 ears 和两个 eyes 作为参数创建另一个动物。

9. 设置动物的 name 和 family，我们将使用在类中创建的构造函数，来输出动物的名字。

10. 输出如下所示。

```
Cow
Goat
Anatidae
```

测试 12　编写计算器

创建一个计算器类，在给定两个数和一个运算符的情况下，程序可以执行运算并返回结果。此类将有一个方法，该方法将使用两个操作数执行运算。操作数和运算符将是类中的字段，通过构造函数设置来编写程序。在计算器类准备好之后，编写一个程序来执行一些示例操作并输出结果。

1. 创建一个包含三个字段的 Calculator 类：double operand1、double operand2 和 String operator，添加所有三个字段的构造函数。

2. 在这个类中，添加一个 operate 方法，该方法将检查运算符的种类（"＋""－""×"或"/"），并执行正确的操作，返回结果。

3. 向这个类添加一个 main 函数，这样就可以使用 Calculator 类编写一些程序并输出结果。

4.6 继　承

继承是 Java 面向对象编程技术的一块基石，因为它允许创建分等级层次的类。继承就是子类继承父类的特征和行为，使得子类对象(实例)具有父类的实例域和方法，或子类从父类继承方法，使得子类具有父类相同的功能。

4.6.1 继承的原则

继承的含义与实际生活中的继承含义相同，如我们的父母继承了祖父母的遗产，然后我们从父母那里继续继承遗产，最后，我们的孩子也会继承我们的遗产。类似地，一个类可以继承另一个类的属性，这些属性包括方法和实例域；然后，另一个类仍然可以从它继承，依此类推，这就是继承层次结构。在 Java 中，一个类只能从另一个类继承。

在 Java 中通过 extends 关键字可以申明一个类是从另外一个类继承而来的，一般形式如下：

```
class 父类 {
}
class 子类 extends 父类 {
}
```

4.6.2 继承的类型

继承的类型包含：单层继承、多层继承和不同类继承同一个类。

（1）单层继承：在单层继承中，一个类只继承另一个类的属性，如图 4-1 所示。

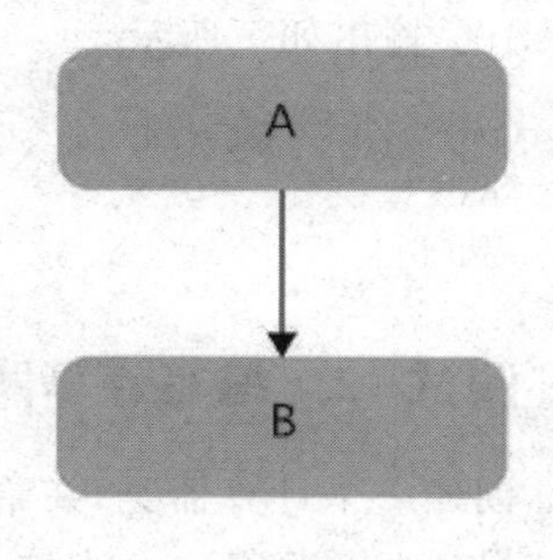

图 4-1 单层继承

（2）多层继承：在多层继承中，第二个类可以继承第一个类的属性，而第三个类可以继续继承第二个类的属性，如图 4-2 所示。

（3）同一个类继承不同类：在多重继承中，一个类可以从多个类继承属性，如图 4-3 所示。

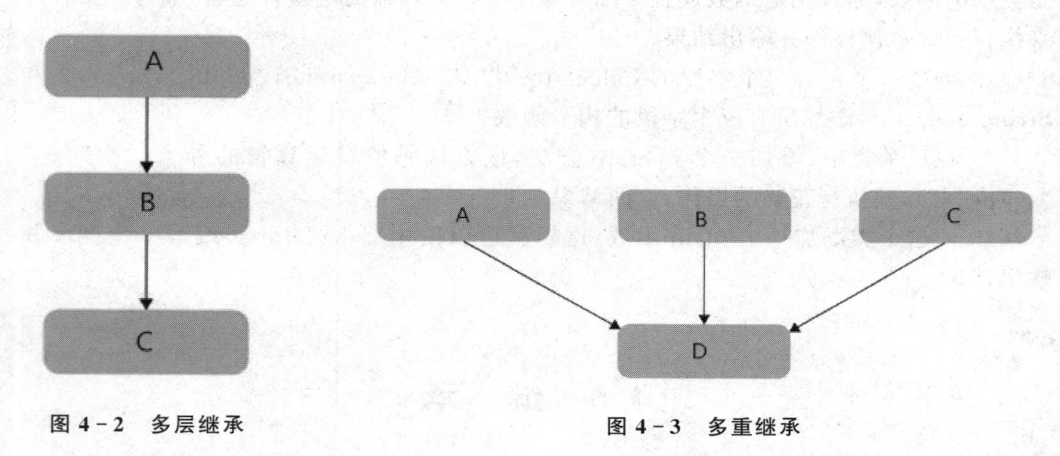

图 4-2 多层继承

图 4-3 多重继承

Java 中不直接支持多重继承，但可以通过使用接口（interfaces）实现，这将在第五章中介绍。

4.6.3 继承的关键字

继承可以使用 extends 和 implements 这两个关键字来实现继承，而且所有的类都是继承 java. lang. Object，当一个类没有 extends 或 implements 关键字时，则默认继承 object（这个类在 java. lang 包中，所以不需要 import）类。

1. extends 关键字

在 Java 中，extends 只能继承一个类，程序如下所示。

```
public class Animal {
```

```
    private String name;
    private int id;
    public Animal(String myName, String myid) {
        //初始化属性值
    }
    public void eat() { //吃东西方法的具体实现 }
    public void sleep() { //睡觉方法的具体实现 }
}
public class Penguin extends Animal{
}
```

2. implements 关键字

使用 implements 关键字可以变相的使 java 具有多继承的特性，使用范围为类继承接口的情况时，可以同时继承多个接口（接口跟接口之间采用逗号分隔），程序如下所示。

```
public interface A {
    public void eat();
    public void sleep();
}
public interface B {
    public void show();
}
public class C implements A,B {
}
```

3. super 关键字与 this 关键字

super 关键字：程序可以通过 super 关键字来实现对父类成员的访问，用来引用当前对象的父类。

this 关键字：指向自己的引用，程序如下所示。

```
class Animal {
    void eat() {
        System.out.println("animal : eat");
    }
}
class Dog extends Animal {
    void eat() {
        System.out.println("dog : eat");
    } void eatTest() {
        this.eat(); // this 调用自己的方法
        super.eat(); // super 调用父类方法
    }
```

```
} public class Test {
    public static void main(String[] args) {
        Animal a = new Animal();
        a.eat();
        Dog d = new Dog();
        d.eatTest();
    }
}
```

输出结果为：

```
animal : eat
dog : eat
animal : eat
```

4. final 关键字

final 关键字其可以把类定义为不能继承的，即最终类；或者用于修饰方法，使该方法不能被子类重写，格式如下所示：

```
声明类：
final class 类名 {//类体}
声明方法：
修饰符(public/private/default/protected) final 返回值类型 方法名(){//方法体}
```

实例变量也可以被定义为 final，被定义为 final 的变量不能被修改。被声明为 final 类的方法自动地声明为 final。

4.6.4 构造器

子类是不能继承父类的构造器（构造方法或者构造函数），它只能调用（隐式或显式）父类的构造器。如果父类的构造器带有参数，则必须在子类的构造器中，显式地通过 super 关键字调用父类的构造器，并配以适当的参数列表。如果父类构造器没有参数，则在子类的构造器中不需要使用 super 关键字调用父类构造器，系统会自动调用父类的无参构造器。使用方法如下所示：

```
class SuperClass {
    private int n;
    SuperClass(){
        System.out.println("SuperClass()");
    }
    SuperClass(int n) {
        System.out.println("SuperClass(int n)");
        this.n = n;
    }
} // SubClass 类继承
```

```
class SubClass extends SuperClass{
    private int n;
    SubClass(){ // 自动调用父类的无参数构造器
        System.out.println("SubClass");
    }
    public SubClass(int n){
        super(300); // 调用父类中带有参数的构造器
        System.out.println("SubClass(int n):" + n);
        this.n = n;
    }
} // SubClass2 类继承
class SubClass2 extends SuperClass{
    private int n;
    SubClass2(){
        super(300); // 调用父类中带有参数的构造器
        System.out.println("SubClass2");
    }
    public SubClass2(int n){ // 自动调用父类的无参数构造器
        System.out.println("SubClass2(int n):" + n);
        this.n = n;
    }
}
public class TestSuperSub{
    public static void main (String args[]){
        System.out.println("SubClass 类继承 - ");
        SubClass sc1 = new SubClass();
        SubClass sc2 = new SubClass(100);
        System.out.println("SubClass2 类继承");
        SubClass2 sc3 = new SubClass2();
        SubClass2 sc4 = new SubClass2(200);
    }
}
```

输出结果为：

```
SubClass 类继承
SuperClass()
SubClass
SuperClass(int n)
SubClass(int n):100
SubClass2 类继承
SuperClass(int n)
SubClass2
SuperClass()
```

```
SubClass2(int n):200
```

4.6.5 继承的重要性

让我们回到之前章节讲过的 Person 类，Person 类是所有人都有的共同属性和行为，不管他们的性别或种族如何。例如，在属性方面，每个人都有一个名字，每个人都有一个年龄、身高和体重。关于相同性，所有人都睡觉、吃饭、呼吸等。

我们不必在每个类中为所有这些属性和方法编写代码，而是可以在一个类中定义所有这些公共属性和操作，并让其他类从该类继承这些属性和方法。这样，我们就不必重写这些子类中的属性和方法。因此，继承允许我们通过重新使用已有的属性和方法来编写更简洁的代码。类从另一个类继承的语法如下所示：

```
class SubClassName extends SuperClassName {
}
```

我们用关键字 extends 来表示继承。例如，如果我们想让我们的 Student 类继承 Person 类，我们会这样声明：

```
public class Student extends Person {
}
```

在 Student 类中，程序可以访问之前在 Person 类中定义的公共属性和方法。当我们创建 Student 类的实例时，程序会自动访问在 Person 类中定义的方法，比如 walk() 和 sleep()，我们不再需要重新创建这些方法，因为 Student 类现在是 Person 类的子类。

在 Person 类中，可以定义所有人都拥有的一些公共属性和方法。然后，程序可以从 person 类继承这些属性来创建其他类，例如 Student 类和 Lecturer 类，具体代码如下所示：

```
public class Person {
    //属性;
    int height;
    int weight;
    String name;
    //构造
    public Person(int myAge, int myHeight, int myWeight){
        this.age = myAge;
        this.height = myHeight;
        this.weight = myWeight;
    }
public Person(){
    this(28, 10, 60);
}
```

```
    //方法
    public void walk(int speed){
        if (speed > 10)
        System.out.println("Walking...");
    }
    public void sleep(){
        System.out.println("Sleeping...");
    }
    publicvoid setName(String name){
        this.name = name;
    }
    public String getName(){
        return name;
    }
    public int getAge(){
        return age;
    }
    public int getHeight(){
        return height;
    }
    public int getWeight(){
        return weight;
    }
}
```

在这个程序中，我们定义了4个属性、2个构造函数和7个方法。目前这些方法还比较简单，因此我们可以专注于继承的核心概念。同时，我们还修改了构造函数以获取3个参数。

新创建的Student类继承自Person类，创建该类的对象，并设置学生名字，程序如下所示：

```
public class Student extends Person {
    public static void main(String[] args){
        Student student = new Student();
        student.setName("James Gosling");
    }
}
```

我们创建的Student类继承自Person类。同时，我们还创建了一个新的实例并设置创建了方法setName()。请注意，我们不是重新定义类中的方法，因为它已经在中Person类定义过了。同时，我们也可以调用类中的其他方法，程序如下所示：

```
public class Student extends Person {
    public static void main(String[] args){
```

```
        Student student = new Student();
            student.setName("Zhang Shan");
        student.walk(20);
        student.sleep();
        System.out.println(student.getName());
        System.out.println(student.getAge());
    }
}
```

程序输出如下所示：

```
Walking...
Sleeping...
Zhang Shan
28
```

定义一个 Lecturer 类，并继承自 Person 类，程序如下所示：

```
public class Lecturer extends Person {
    public static void main(String[] args){
        Lecturer lecturer = new Lecturer();
        lecturer.setName("Prof. Zhang Shan ");
        lecturer.walk(20);
        lecturer.sleep();
        System.out.println(lecturer.getName());
        System.out.println(lecturer.getAge());
    }
}
```

测试 13 使用继承创建计算器

在测试 12 中，我们已经创建了一个包含同一类中所有已知操作的 Calculator 类。这使得当我们要添加新操作时，这个类很难扩展，这是因为运算符方法可以无限的增长。为了更好地运算，可以将操作符逻辑从这个类中分离到操作符自己的类中。在本测试中，您需要创建一个默认为求和运算的类运算符，然后创建其他三个运算的类：减法、乘法和除法。此运算符有一个方法，该方法在给定字符串时返回布尔值，如果字符串表示该运算符，则返回布尔值；如果字符串不表示该运算符，则返回不匹配。

编写一个新类，该类具有三个字段：double operand1，double operand2 和 operator。该类将具有与前一个计算器相同的构造函数，但它不会将运算符存储为字符串，而是使用配对的方法检查运算符类，然后确定正确的运算符。

与前一个计算器一样，这个计算器也有一个方法，它返回一个 double 值，但是它没有在其中进行任何调用，而是通过当前操作符，在构造函数中进行运算。具体步骤如下所列。

1. 创建一个 Operator 类，该类在表示运算符的构造函数中初始化了一个字符串字段，并具有一个表示默认运算符的默认构造函数 sum。operator 类还具有一个名为 operate 的方法，该方法将以 double 形式返回运算符的结果，默认操作是求和运算。

2. 创建其他三个类：Subtraction，Multiplication 和 Division。它们表示每个操作符的重写方法。它们还需要一个无参数构造函数，调用该构造函数并输出结果。

3. 创建一个新类，命名为 CalculatorWithFixedOperators。这个类将包含四个字段，用来表示四个可能的操作。它还应该有三个其他字段，类型为 double。其他三个字段将在 Operator 类中初始化构造函数，并以字符串形式接收操作数和运算符。使用可能运算符的匹配方法，确定将哪个运算符设置为运算符字段。

4. 与上一个 Calculator 类一样，这个类也将有一个方法 operate，但它将由用户的输入确定。

5. 最后，编写一个 main 函数来调用新的计算器，输出每次运算的结果。

4.7 重　载

如果同一个类中包含了两个或两个以上方法的名相同，但是方法参数的个数、顺序或者类型不同，则称为方法的重载，重载的判断依据为：

1. 必须载入到同一个类中；
2. 方法名相同；
3. 方法的参数个数、顺序或类型不同；
4. 与方法的修饰符和或返回值没有关系；

4.7.1 重载规则

重载是在一个类里面，方法名字相同，而参数不同，其返回的类型可以相同也可以不同。每个重载的方法（或者构造函数）都必须有一个独一无二的参数类型列表。最常用的地方就是构造器的重载。重载规则如下所列：

1. 被重载的方法必须改变参数列表（参数个数或类型不一样）；
2. 被重载的方法可以改变返回类型；
3. 被重载的方法可以改变访问修饰符；
4. 被重载的方法可以声明新的或更广的检查异常；
5. 方法能够在同一个类中或者在一个子类中被重载；
6. 无法以返回值类型作为重载函数的区分标准。

通过重载原则，我们可以定义多个具有相同方法名，但参数不同的方法。这在定义执行相同操作，但使用不同参数的方法时非常有用。

让我们看一个例子，定义一个用三个重载方法调用的 Sum 类，这些方法添加传递的参数，并返回结果，程序如下所示：

```
public class Sum {
    public int sum(int x, int y) {
        return (x + y);
    }
    public int sum(int x, int y,int z) {
        return (x + y + z);
    }
    public double sum(double x, double y) {
        return (x + y);
    }
    public static void main(String args[]) {
        Sum s = new Sum();
        System.out.println(s.sum(10, 20));
        System.out.println(s.sum(10, 20, 30));
        System.out.println(s.sum(10.5, 20.5));
    }
}
```

输出如下所示：

```
30
60
31.0
```

在这个例子中，方法 sum()被重载以获取不同的参数并返回总和。方法名是相同的，但是每个方法采用不同的参数集。

让我们回到之前讲到的 Student 类，创建两个重载方法。在第一个方法中，不管是星期几，程序将输出“Going to class…”；在第二种方法中，我们将检查一周中的某一天是否是周末，如果是周末，程序将输出其他字符串以提示这一天是周末。程序如下所示：

```
public class Student extends Person {
    public void goToClass(){
        System.out.println("Going to class...");
    }
    public void goToClass(int dayOfWeek){
        if (dayOfWeek == 6 || dayOfWeek == 7){
            System.out.println("It's the weekend! Not to going to class!");
        }else {
            System.out.println("Going to class...");
        }
}
    public static void main(String[] args){
        Student student = new Student();
```

```
            student.setName("Zhang Shan");
            student.walk(20);
            student.sleep();
            System.out.println(student.getName());
            System.out.println(student.getAge());
            goToClass();
            student.goToClass(6);
        }
    }
```

打开我们创建的 Lecture 类并添加两个重载方法，如下所示：

- teachClass()：输出“Teaching a random class”
- teachClass(String className)：输出"Teaching " + className

代码如下所示：

```
public void teachClass(){
    System.out.println("Teaching a random class.");
}
public void teachClass(String className){
    System.out.println("Teaching " + className);
}
```

我们可以重载类中的 main 函数，但是程序一旦启动，JVM 只会调用 main(String[] args。我们可以从 JVM 来调用重载方法，代码如下所示：

```
public class Student {
    public static void main(String[] args){
        // 将被 JVM 调用
    }
    public static void main(String[] args, String str1, int num){
    }
    public static void main(int num, int num1, String str){
    }
}
```

在本例中，main 函数被重载了三次。但是，当我们运行程序时，变量名为的 main 的方法将被调用，并且程序可以自由地调用另一个 main(String[] args)函数。

4.7.2 构造函数重载

构造函数也可以重载，当同一个类中使用不同的参数声明相同的构造函数时，称为构造函数重载。编译器可根据参数及其数据的数量区分要调用的构造函数类型。

在讲解构造函数的章节中，我们为 Person 类创建了第二个构造函数，它将 age、height 和 weight 作为参数。我们可以将此构造函数与不接受参数的构造函数位于同一个类中，这是因为这两个构造函数具有不同的变量名，因此可以同时使用，使用方法如下所示：

```
public Person(){
    this(28, 10, 60);
}
//重载
public Person(int myAge, int myHeight, int myWeight){
    this.age = myAge;
    this.height = myHeight;
    this.weight = myWeight;
}
```

这两个构造函数具有相同的名称，但使用不同的参数。添加变量为 age、height、weight 和 name 的构造函数，程序如下所示：

```
public Person(int myAge, int myHeight, int myWeight, String name){
    this.age = myAge;
    this.height = myHeight;
    this.weight = myWeight;
    this.name = name;
    }
```

4.8 多态性

多态性是同一个行为具有多个不同表现形式或形态的能力。在 Java 程序当中，多态性就是同一个接口，使用不同的实例而执行不同操作，多态性存在的三个必要条件：

1. 要有继承；
2. 要有重写；
3. 父类引用指向子类对象。

在之前章节的 Person 类中，有 walk 方法。在继承自该类的 Student 类中，我们将重新定义 walk 方法，在之前章节的 Lecturer 类中，我们也会重新定义同样的方法，这次程序设定 student 步行去教师办公室，而不是步行去上课。这个方法的类不同，目的地也不一样，类中的方法必须与超类中的方法具有相同的变量名和返回类型，才能将其视为多态的。下面是新的 Student 类：

```
public class Student extends Person {
    ...
    public void walk(int speed){
        System.out.println("Walking to class ..");
    }
```

```
    ...
    }
```

调用 student. walk(20)时，将调用 Student 类中的方法，而不是 Person 类中的方法。也就是说，我们为 Student 类提供了一种新的步行方式，这与 Lecturer 类和 Person 类不同。

在 Java 中，我们将这种方法称为重写，将流程称为方法重写。Java 虚拟机(JVM)将会为所引用的对象调用适当的方法。

4.9 重载和重写之间的区别

重载(Overload)是让类以统一的方式处理不同类型数据的一种手段，实质表现就是多个具有不同参数个数或者类型的同名函数(返回值类型可随意，不能以返回类型作为重载函数的区分标准)同时存在于同一个类中，是一个类中多态性的一种表现，调用方法时，通过传递不同参数个数和参数类型来决定具体使用哪个方法的多态性。

重写(Override)是父类与子类之间的多态性，实质是对父类的函数进行重新定义，如果在子类中定义的某个方法与其父类有相同的名称和参数，则该方法被重写，不过子类函数的访问修饰权限不能小于父类的；若子类中的方法与父类中的某一方法具有相同的方法名、返回类型和参数表，则新方法将覆盖原有的方法。如需父类中原有的方法，则需使用 super 关键字。

让我们看看方法重载和方法重写之间的区别。

- 方法重载是指在同一个类中有两个或多个方法具有相同的名称，但参数不同，如下所示：

```
void foo(int a)
void foo(int a, float b)
```

- 方法重写意味着有两个方法具有相同的参数，但实现的方法不同。其中一个将存在于父类中，而另一个将存在于子类中，如下所示：

```
class Parent {
    void foo(double d) {
    }
}
class Child extends Parent {
        void foo(double d){
        }
}
```

第5章 接口和类型转换

在第四章中，我们学习了面向对象程序设计的基础知识，例如类、对象、继承、多态性和重载。我们看到了类是如何作为一个蓝图来创建对象，并看到了用方法定义类的过程；同时，我们研究了一个类如何通过继承从另一个类获取属性，从而使我们能够重用代码；然后，我们学习了如何通过重载来重用方法名；最后，我们研究了子类如何通过重写类中的方法来重新定义它们自己的方法。

在本章中，我们将深入研究面向对象程序设计的原理以及如何更好地构建 Java 程序。我们将从接口开始讲起，接口是允许我们定义任何类都可以实现泛型行为的构造；然后我们将学习类型转换，根据这个概念，我们可以将变量从一种类型更改为另一种类型；我们还将学习使用 Java 提供的自动装箱与折箱功能将原始数据类型作为对象进行处理；最后，我们将详细介绍抽象类和抽象方法，这可以让继承类的用户运行自己独特的方法。

5.1 接 口

接口（Interface）在 Java 编程语言中是一个抽象类型，是抽象方法的集合，接口通常以 interface 来声明。一个类通过继承接口的方式，从而来继承接口的抽象方法。接口并不是类，编写接口的方式和类很相似，但是它们属于不同的概念。类描述对象的属性和方法，接口则包含类要实现的方法。除非实现接口的类是抽象类，否则该类要定义接口中的所有方法。

接口无法被实例化，但是可以被实现。实现接口的类，必须实现接口内所描述的所有方法，否则就必须声明为抽象类。另外，在 Java 中，接口类型可以用来声明一个变量，他们可以成为一个空指针，或是被绑定在一个以此接口实现的对象。

1. 接口与类的相似点

（1）一个接口可以有多个方法。

（2）接口文件保存在 .java 结尾的文件中，文件名使用接口名。

（3）接口的字节码文件保存在 .class 结尾的文件中。

（4）接口相应的字节码文件必须在与包名称相匹配的目录结构中。

2. 接口与类的区别

（1）接口不能用于实例化对象。

(2) 接口没有构造方法。

(3) 接口中所有的方法必须是抽象方法。

(4) 接口中除了 static 和 final 变量,不能包含成员变量。

(5) 接口不是被类继承,而是要被类实现。

(6) 接口支持多继承。

3. 接口的特性

(1) 接口中每一个方法也是隐式抽象的,接口中的方法会被隐式地指定为 public abstract(只能是 public abstract,其他修饰符都会报错)。

(2) 接口中可以含有变量,但是接口中的变量会被隐式地指定为 public static final 变量(并且只能是 public,用 private 修饰会报编译错误)。

(3) 接口中的方法是不能在接口中实现的,只能由实现接口的类来实现接口中的方法。

4. 抽象类和接口的区别

(1) 抽象类中的方法可以有方法体,就是能实现方法的具体功能,但是接口中的方法不行。

(2) 抽象类中的成员变量可以是各种类型,而接口中的成员变量只能是 public static final 类型。

(3) 接口中不能含有静态代码块以及静态方法(用 static 修饰的方法),而抽象类是可以有静态代码块和静态方法。

(4) 一个类只能继承一个抽象类,而一个类却可以实现多个接口。

以人为例,我们要定义一组人的行为,这些动作包括睡觉、呼吸、行走等。我们可以将所有这些常见操作放在一个接口中,并让任何声明是 person 类的来实现这些动作。实现此接口的类通常称为 Person 类。

在 Java 语言中,我们使用关键字 interface 来表示一个接口。接口中的所有方法都是空的,并且没有实现。这是因为任何实现此接口的类都将提供其唯一的实现细节。因此,接口本质上是一组没有实体的方法。让我们创建一个接口来定义一个人的行为,程序如下所示:

```
public interface PersonBehavior {
    void breathe();
    void sleep();
    void walk(int speed);
}
```

这个 PersonBehavior 接口被调用,它包含三个方法:呼吸、睡眠和行走,每个实现这个接口的类也必须实现这三个方法.

当我们想要实现一个给定的接口,我们使用关键字 implement 来完成。例如,我们将创建一个新的类来代表医生,这个类将实现医生的行为,程序如下所示:

```
public class Doctor implements PersonBehavior {
    @Override
    public void breathe() {

    }
    @Override
    public void sleep() {

    }
    @Override
    public void walk(int speed) {
    }
}
```

我们使用注释@Override 来表示此方法来自接口。在此方法中,我们可以自由地执行与 Doctor 类相关的任何类型的操作。与此相同,我们还可以创建一个类似地 Engineer 类接口,程序如下所示:

```
public class Engineer implements PersonBehavior {
    @Override
    public void breathe() {
    }
    @Override
    public void sleep() {
    }
    @Override
    public void walk(int speed) {
    }
}
```

在第一章中,我们提到抽象是面向对象程序设计的基本原则之一。抽象是我们向类提供一致接口的一种方法。以移动电话为例,有了手机,你就可以给你的朋友打电话和发短信。打电话时,你按一下呼叫按钮,马上就可以和朋友联系。这个呼叫按钮形成了你和你朋友之间的一个界面,我们不知道当我们按下按钮时会发生什么,因为所有这些细节都被程序抽象(即隐藏)了。

我们经常会听到 API 这个术语,它代表应用程序编程接口。这是一种让不同的软件相互协调的一种方式。例如,当你想用"百度"或"微信"登录一个应用程序时,应用程序将调用"百度"或"微信"的 API,然后用"百度"或"微信"的 API 将定义日志所遵循的规则调整为适合的版本。

Java 中的一个类可以实现多个接口,这些额外的接口用逗号隔开。类必须能够实现接口中所有方法,代码如下所示:

```
public class ClassName implementsInterfaceA,InterfaceB, InterfaceC {
}
```

练习 创建接口

创建一个名为 PersonListener 的接口来监听两个事件:onPersonWalking 和 onPersonSleeping。当方法 walk(int speed)被调用时,程序将运行事件 onPersonWalking,当方法 sleep()被调用时,程序将运行事件 onPersonSleeping.

1. 创建一个名为 PersonListener 的接口,程序如下所示:

```
public interface PersonListener {
    void onPersonWalking();
void onPersonSleeping();
}
```

2. 打开 doctor 类,并在 PersonListener 后面添加接口 PersonBehavior,用逗号分隔,程序如下所示:

```
public class Doctor implements PersonBehavior, PersonListener {
```

3. 在 PersonListener 接口中实现这两个方法。当医生行走时,程序将执行事件 onPersonWalking,让其他听众知道医生正在行走。当医生睡觉时,程序将执行事件 onPersonSleeping,程序如下所示:

```
@Override
public void breathe() {
}
@Override
public void sleep() {
    this.onPersonSleeping();
}
@Override
public void walk(int speed) {
    this.onPersonWalking();
}
@Override
public void onPersonWalking() {
    System.out.println("Event: onPersonWalking");
}
@Override
public void onPersonSleeping() {
    System.out.println("Event: onPersonSleeping");
}
```

4. 通过调 main 函数来测试代码，程序如下所示：

```
public static void main(String[] args){
    Doctor myDoctor = new Doctor();
    myDoctor.walk(20);
    myDoctor.sleep();
}
```

5. 运行 Doctor 类并在控制台中查看输出。

完整的 Doctor 类代码如下所示：

```
public class Doctor implements PersonBehavior, PersonListener {
    public static void main(String[] args){
        Doctor myDoctor = new Doctor();
        myDoctor.walk(20);
        myDoctor.sleep();
}
@Override
public void breathe() {
}
@Override
public void sleep() {
    this.onPersonSleeping();
}
@Override
public void walk(int speed) {
    this.onPersonWalking();
}
@Override
public void onPersonWalking() {
    System.out.println("Event: onPersonWalking");
}
@Override
public void onPersonSleeping() {
    System.out.println("Event: onPersonSleeping");
    }
}
```

测试 14　用 Java 创建和实现接口

建立两个接口，一个包含所有动物都必须拥有的两个动作 move()和 makeSound()，另一个是从动物的两个动作中获取信息。

本测试的目的是了解如何用 Java 创建接口并实现它们。请按照以下步骤完成测试。

1. 打开项目 Animals。

2. 创建一个名为. AnimalBehavior 的新接口。

3. 创建两个方法 void move()和 void makeSound()。

4. 创建另一个接口 AnimalListener,使用 onAnimalMoved()和 onAnimalSound()方法。

5. 创建一个 Cow 类,并实现 AnimalBehavior 和 AnimalListener 的接口。

6. 创建实例变量 movementType。

7. 重写 move(),使 movementType 被使用使显示"Walking",并调用 onAnimalMoved()方法。

8. 重写 makeSound()使 movementType 被使用使显示"Moo",并调用 onAnimalMoved()方法。

9. 重写 onAnimalMoved()和 inAnimalMadeSound()方法。

10. 创建一个 main 函数来测试代码。

输出如下所示:

```
Animal moved: Walking
Sound made: Move
```

5.2 类型转换

我们已经看到,当我们写 int a = 10,表示 a 是整数数据类型,通常是 32 位大小。当我们写 char c = 'a',表示 c 是一个字符的数据类型。这些数据类型被称为基元类型,因为它们可以用来保存简单的信息。

对象也有类型,对象的类型通常是该对象的类。例如,当我们创建一个 Doctor myDoctor = new Doctor()对象时,对象 myDoctor 的类型为 Doctor,变量 myDoctor 通常被称为引用类型。如前所述,这是因为变量 myDoctor 不包含对象本身,而只是保存了对象的引用记忆。

类型转换是一种将类或接口从一种类型更改为另一种类型的方法。需要注意的是,只有属于同一超类或具有父子关系的类或接口才能相互转换或转换。

让我们回到例子 Person 类,我们创建了继承自该类的 Student 类,这实际上意味着 Student 类和 Person 类关系如图 5-1 所示。

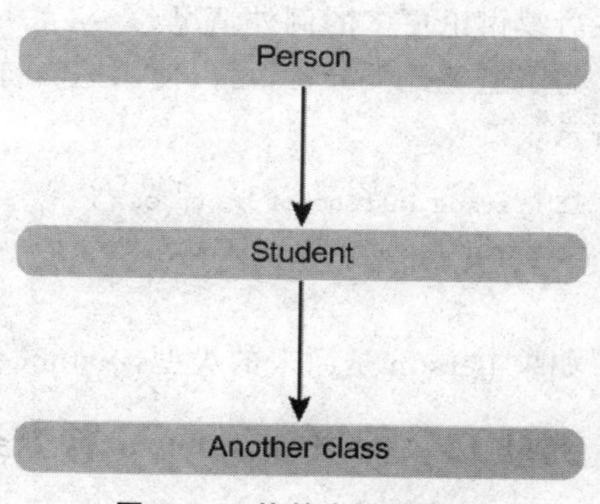

图 5-1 从基类继承子类

在 Java 语言中,我们在对象之前使用括号进行类型转换，代码如下所示：

```
Student student = new Student();
Person person = (Person)student;
```

在上述代码中，我们创建了一个类型为 Student 的对象 Student；然后，我们使用语句(Person)student，将其转换为 Person。上述代码将 Student 标记为 Person 类型而不是 Student 类型。这种类型转换，我们是将子类标记为超类，称为向上转换，此操作不会更改原始对象，只会将其标记为其他对象类型。

向上转换减少了我们可以访问的方法的数量。例如，Student 变量无法再访问 Student 类中的方法和字段。而将 Person 类型转换为 Student 类型，称为向下转换，代码如下所示：

```
Student student = new Student();
Person person = (Person)student;
Student newStudent = (Student)person;
```

向下转换是将超类类型转换为子类类型，此操作使我们能够访问子类中的方法和字段。例如，newStudent 现在可以访问 Student 类中的方法。

要使向下转换起作用，对象最初必须是子类类型。如果不是，将会引发程序编译报错，例如，以下操作是不正确的：

```
Student student = new Student();
Person person = (Person)student;
Lecturer lecturer = (Lecturer) person;
```

如果尝试运行此程序，将出现以下异常，如图 5-2 所示。

```
Exception in thread "main" java.lang.ClassCastException: class Student cannot be cast to class Lecturer (Student and Lecturer ave in unnamed module of loader 'app')
    at Student. main(Student.java:ll)
```

图 5-2 向下转换时的异常消息

这是因为最初 person 类型不是一个 Lecturer 类型，而是一个 Student 类型。我们将在后续讨论更多的例外情况。

为了避免此类异常，可以使用运算符 instanceof 检查对象是否为给定类型，代码如下所示：

```
if (person instanceof Lecturer) {
Lecturer lecturer() = (Lecturer) person;
}
```

如果 person 是原来的类型，instanceof 运算符返回真值，否则返回假。

测试 15 使用 instanceof 检查类型转换是否正确

使用 interface 在 Employee 接口上声明关于 salary 和 tax 的通用方法。销售人员开始获得佣金，这意味您需要编写一个新的类 SalesWithCommission，该类将从 Sales 扩展得到、创建一个附加方法：getCommission，这个新方法返回每个雇员的总销售额（将在构造函数中传递）乘以销售佣金（总销售额的15%）。作为程序的一部分，您还需编写一个 EmployeeLoader 类，该类具有雇佣员工的方法，这将作为这项销售活动和其他活动的依据。这个类将有一个方法 getEmployee()，它返回一个 Employee。在这个方法中，可以使用任何方法返回新生成的雇员。

使用 java. util. Random 类可以帮助您完成此任务，并且在程序其他地方需要时仍然可以获得一致性。使用数据源和新的 SalesWithCommission 类，您将编写一个应用程序 EmployeeLoader，该应用程序将使用循环多次调用方法 getEmployee。对于每个员工，它将计算他们的净工资和他们支付的税款。它还将检查该雇员是否是 SalesWithCommission 的实例，对其进行强制转换并输出。

要完成此程序，您需要完成以下步骤：

1. 创建一个扩展自 Sales 的 SalesWithCommission 类。添加一个构造函数，该构造函数将总销售额加倍，并将其存储为字段，同时添加一个名为 getCommission 的方法，该方法返回总销售额15%的值。

2. 创建另一个类作为数据源，生成雇员。这个类将创建 Employee 的一个实例并返回它，方法返回类型应为. getEmployee()。

3. 编写一个在循环中反复调用的 getEmployee()函数，并输出有关员工工资和税款的信息。如果员工是 SalesWithCommission 的实例，输出他的佣金额。

5.3 对象类

Java 提供了一个名为对象（Object）的特殊类，所有类都隐式继承自该类。编写程序时，不必手动从此类继承，因为编译器会为程序执行此操作。对象是所有类的超类，如图5-3所示。

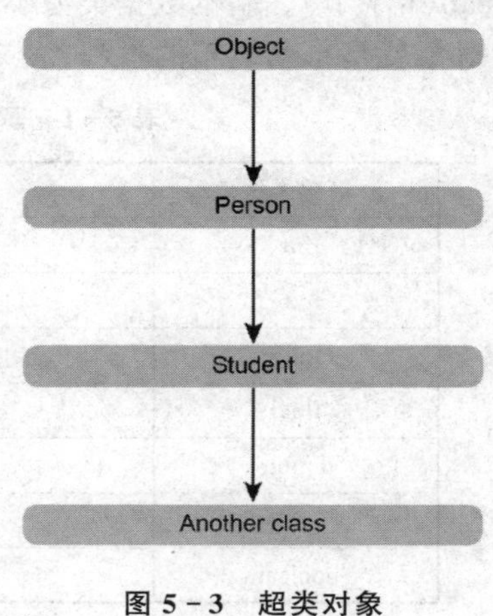

图5-3 超类对象

这意味着 Java 中的任何类都可以上移到 Object，代码如下所示：

```
Object object = (Object)person;
Object object1 = (Object)student;
```

同样，程序可以向下转换类到原始类，代码如下所示：

```
Person newPerson = (Person)object;
Student newStudent = (Student)object1;
```

如果要传递类型未知的对象，可以使用 Object 类。

5.4 自动装箱与拆箱

装箱就是自动将基本数据类型转换为包装器类型;拆箱就是自动将包装器类型转换为基本数据类型。Java 中的数据类型分为两类:一类是基本数据类型,另一类是引用数据类型,如 5-4 所示。

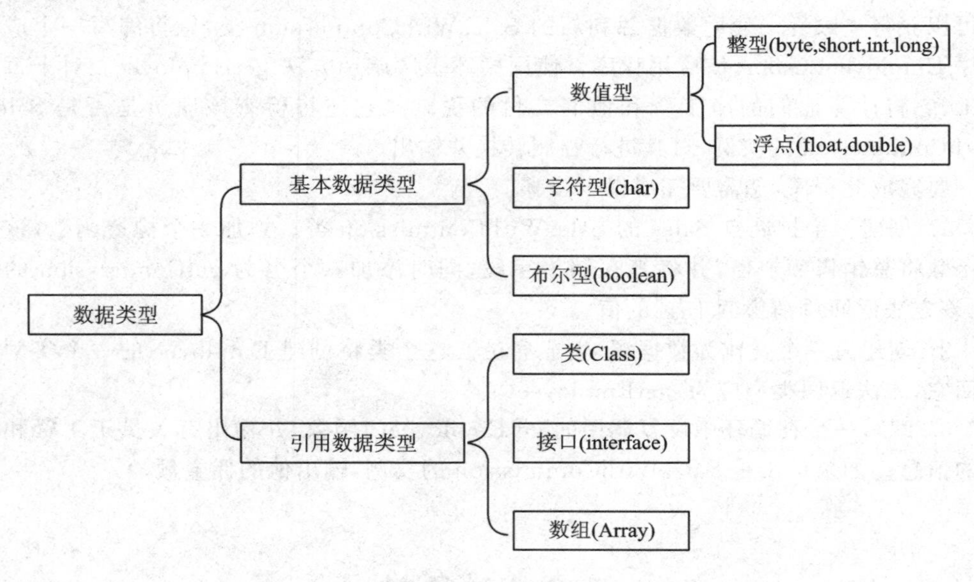

图 5-4 Java 数据类型

由图 5-4 可知,Java 语言中的基本数据类型有八种,分别是 int(4 字节)、byte(1 字节)、short(2 字节)、long(8 字节)、float (4 字节)、double(8 字节)、char(2 字节)和 boolean(1 字节)。基本数据类型不是对象,不能使用对象的方法。将基本数据类型转换为对象就是自动装箱的过程,表 5-1 是基本数据类型与封装器类之间的对应关系。

表 5-1 基本数据类型与封装器对应关系

简单类型	二进制位数	封装器类
int	32	lnteger
byte	8	Byte
long	64	Long
float	32	float
double	64	Double
char	16	Character
boolean	1	Boolean

有时，我们需要在只接受对象的方法中处理基元类型。一个很好的例子就是当我们想在 ArrayList 类中存储整数时，这个类只接受对象，而不接受基本体. 但是，Java 提供了所有基本类型作为类。包装类可以保存原始值，我们可以像处理普通类一样处理它们。

例如 Integer 类的可以保存 int，代码如下所示：

```
Integer a = new Integer(1);
```

我们也可以跳过关键字 new，编译器会隐式地为我们包装 Integer 类，代码如下所示：

```
Integer a = 1;
```

然后我们就可以像使用其他对象一样使用该对象了。我们可以将它上移到一个对象，然后再将其向下转换为 Integer。将原类型转换为对象(引用类型)的操作称为自动包装。我们还可以将对象转换回原始类型，代码如下所示：

```
Integer a = 1;
int b = a;
```

在这里，b 原来被赋值为 a，即 1。这种将引用类型转换回原始类型的操作称为拆装。编译器会自动为我们执行自动包装和拆装。

1. 自动装箱

程序如下所示：

```
public static void main(String[] args) {
        // TODO Auto - generated method stub
        int a = 3;
        //定义一个基本数据类型的变量 a 赋值 3
        Integer b = a;
        //b 是 Integer 类定义的对象，直接用 int 类型的 a 赋值
        System.out.println(b);
        //打印结果为 3
    }
1
2
3
4
5
6
7
8
9
```

上面的代码中 Integer b=a，一个对象怎么赋值成了基本数据类型的变量；其实这

就是自动装箱的过程，上面程序在执行 Integer b＝a 的时候调用了 Integer. valueOf（int i）方法，Integer b＝a，这段代码等同于：Integer b＝Integer. valueOf（a）。下面是对 Integer. valueOf（int i）方法简化后的代码：

```
public static Integer valueOf(int i) {
        if (i >=  - 128 && i <= 127)
            return IntegerCache.cache[i + 127];
            //如果 i 的值大于 - 128 小于 127 则返回一个缓冲区中的一个 Integer 对象
        return new Integer(i);
        //否则返回 new 一个 Integer 对象
    }
1
2
3
4
5
6
7
```

可以看到 Integer. valueOf（a）其实是返回了一个 Integer 的对象。由于自动装箱的存在，Integer b＝a 这段代码是正确的。其实更简化的可以这样 Integer b＝3，同样这段代码等价于 Integer b＝Integer. valueOf（3）。

2. 自动拆箱

程序如下所示：

```
public static void main(String[] args) {
        // TODO Auto - generated method stub

        Integer b = new Integer(3);
        //b 为 Integer 的对象
        int a = b;
        //a 为一个 int 的基本数据类型
        System.out.println(a);
        //打印输出 3。
    }
1
2
3
4
5
6
7
8
```

9
10

上面的代码 int a=b,很奇怪,怎么把一个对象赋给了一个基本类型呢？其实 int a=b,这段代码等价于 int a=b.intValue(),来看看 inValue()方法到底是什么,代码如下所示：

```
public int intValue() {
        return value;
    }
```

1
2
3

这个方法返回了 value 值,然而 value 又是什么,继续看下面的代码：

```
public Integer(int value) {
        this.value = value;
    }
```

1
2
3
4

原来 value 就是定义 Integer b = new Integer(3)所赋的值,所以整个代码如下所示：

```
public static void main(String[] args) {
        // TODO Auto - generated method stub

        Integer b = new Integer(3);
        //b 为 Integer 的对象
        int a = b.intValue();
        //其中 b.intValue()返回实例化 b 时构造函数 new Integer(3);赋的值 3。
        System.out.println(a);
        //打印输出 3。
    }
```

测试 16 Java 中的类型转换

为 Animal 类创建一个测试类,并对其进行上下转换类。本测试的目的是理解转换的概念。以下步骤将帮助您完成此活动：

1. 打开项目 Animals。
2. 创建一个名为 AnimalTest 的新类,并在其中创建 main 函数。

3. 在 main 函数中,创建 Cat 和 Cow 类。
4. 输出 Cat 的所有对象。
5. 将 Cat 类的对象上移到 Animal 并再次输出所有对象。
6. 输出 Cow 类的所有对象。
7. 将 Cow 类的对象上移到 Animal 并再次输出所有对象。
8. 将 Cat 类的对象下移到类的新对象并输出所有对象。

5.5 抽象类和抽象方法

在类的继承中,如果一个个新的子类被定义,子类将会变得越来越具体,父类将会变得更加一般和通用,类的设计应该保证父类与子类能够共享特征,有时将父类设计得非常抽象,使得父类没有具体的实例,这样的类叫作抽象类;一般当我们设计一个类,不需要创建此类的实例时,可以考虑将该类设置成抽象类,让其子类实现这个类的抽象方法。

当我们将一个类声明为 abstract 时,从它继承的任何类都必须实现 abstract 的方法。我们不能实例化抽象类,如下所示:

```
public abstract class AbstractPerson {
//这个类是抽象的,不能实例化
}
```

因为抽象类还是类,所以它可以有自己的逻辑和状态。与方法为空的接口相比,这给了抽象类更多的优势。另外,一旦程序继承了一个抽象类,我们就可以沿着这个类执行类型转换层次结构。

Java 也允许程序拥有抽象方法。抽象方法不包含主体,从其类继承的任何类也必须实现它们;此外,任何至少包含一个方法的类也必须声明为 abstract。

我们在修饰符后面使用关键字 abstract 来声明一个抽象方法。当程序从一个抽象类继承时,程序必须实现其中的所有方法,如下所示:

```
public class SubClass extendsAbstractPerson {
}
```

定义抽象类,程序如下所示:

```
abstract class Person {
    String name;
    public Person(){}//抽象类的构造方法
    public abstract void dink();//抽象方法,无{}方法体
    public void eat(){ //非抽象方法
    };
}
```

```
class Student extends Person{
    @Override
    public void eat() {
        System.out.println("吃饭");
    }

    @Override
    public void dink() {
        System.out.println("喝水");
    }
}
```

抽象类修饰的方法为抽象方法，抽象方法就是只有方法声明，没有方法体的方法，抽象方法的特征如下：

(1) 没有方法体；

(2) 抽象方法只保留方法的功能，具体的执行，交给继承抽象类的子类，由子类重写抽象方法；

(3) 如果子类继承抽象类，并重写了父类所有的抽象方法，则此子类不是抽象类，是可以实例化的；

(4) 如果子类继承抽象类，没有重写父类中所有的抽象方法，意味着子类中还有抽象方法，那么此子类必须声明为抽象类。

练习 用 Java 实现抽象类和抽象方法

创建三个类：一个是抽象类，表示任何人，另一个表示医生，最后一个表示患者。所有的类都将从抽象的 person 类继承。

本练习的目的是了解 Java 语言中 abstract 类和方法的概念。这些步骤将帮助您完成测试：

1. 创建一个名为 Hospital 的新项目并打开它。

2. 在文件夹 src 中，创建一个名为 Person 的抽象类，如下所示：

```
public abstract class Patient {
}
```

3. 创建一个返回医院人员类型的抽象方法，将此方法命名为 getPersonType()，该方法返回一个字符串，如下所示：

```
public abstract String getPersonType();
```

我们已经完成了抽象类和抽象方法。现在，我们将继续继承 abstract 并实现这一点。

4. 创建一个名为 Doctor 的新类，该类继承自 Person 类，如下所示：

```
public class Doctor extends Patient {
}
```

5. 重写类中的抽象方法 getPersonType，返回字符串“Arzt”，如下所示：

```
@Override
public String getPersonType() {
return "Arzt";
}
```

6. 创建另一个名为 Patient 的类来表示医院中的患者，确保其继承 Person 类并重写该方法，并返回“Kranke”，如下所示：

```
public class People extends Patient{
    @Override
    public String getPersonType() {
    return "Kranke";
    }
}
```

7. 创建第三个类 HospitalTest。我们将使用这个类来测试我们之前创建的两个类。

8. 在 HospitalTest 类内部，创建 main 函数，如下所示：

```
public class HospitalTest {
    public static void main(String[] args){
    }
}
```

9. 在 main 函数中，创建一个实例 Doctor 和另一个实例 Patient，如下所示：

```
Doctor doctor = new Doctor();
People people = new People();
```

10. 尝试为每个对象调用方法 getPersonType，并输出结果，如下所示：

```
String str = doctor.getPersonType();
String str1 = patient.getPersonType();
System.out.println(str);
System.out.println(str1);
```

测试 17 使用抽象类封装公共逻辑

Java 公司不断壮大。现在他们有很多员工，他们注意到以前构建的应用程序不支持薪资变动。到目前为止，每个工程师的薪水都必须和其他工程师一样，经理、销售人员和佣金销售人员也一样。为了解决这一问题，您需要使用一个抽象类，该类封装了基于个税计算净工资的逻辑。使用新的子类为通用雇员接收总工资作为参数构造函数 getTax()。还需要向 EmployeeLoader 中添加一个新方法 getEmployeeWithSalary()，该方法将生成一个新的通用员工，并随机生成工资总额。

最后，程序输出薪资信息和税金，如果员工是 GenericSalesWithCommission 的实例，也将输出他的佣金额。

1. 创建一个抽象类 GenericEmployee，该类具有一个构造函数，该构造函数接收工资总额并将其存储在字段中。它应该实现 Employee 接口功能，并且有两个方法：getGrossSalary() 和 getNetSalary()。第一个将返回传递给构造函数的值，第二个将返回总工资减去使用 getTax() 方法后的结果。

2. 为每种类型的员工分别创建一个新的类型：GenericEngineer，GenericManager，GenericSales，和 GenericSalesWithCommission.。他们都需要一个构造函数，得到总工资数据，然后把它传给 getTax() 方法，并为每个类返回正确的税值。记下接收 GenericSalesWithCommission 类的总销售额，并添加计算佣金。

3. 向 EmployeeLoader 类中添加新方法 getEmployeeWithSalary，此方法将生成一个介于 70 000 到 120 000 之间的随机工资，并分配给新创建的员工。在 GenericSalesWithCommission 类中加载佣金 。

4. 编写一个从循环内部多次调用 getEmployeeWithSalary 方法的应用程序。此方法的工作方式为：输所有员工的净工资和税金，如果员工是 GenericSalesWithCommission 的实例，也打印他的佣金 。

第 6 章　数据结构、数组和字符串

本章是我们讨论面向对象程序设计的最后一章。到目前为止，我们已经学习了类和对象，以及如何使用类作为蓝图来创建多个对象。我们看到了如何使用方法来保存类的逻辑、字段和如何从其他类继承一些属性，以便于代码的重用。

同时，我们还研究了多态性，或者一个类如何被重新定义，并从超类继承的方法和实现；还有重载，即如何让多个方法使用相同的名称。

我们在第五章中讨论了类型转换和接口，以及类型转换是如何将对同一个层次结构树上的对象从一个类型转换为另一个类型的，在这其中，我们讨论了向上转换和向下转换；此外，我们还讲解了接口。

在本章中，我们将介绍 Java 语言附带的一些常见类。我们每天都在使用这些类，因此了解这些类非常重要。我们还将讨论数据结构，并讨论 Java 语言附带的常见数据结构。请记住，Java 是一种广泛的语言，本章所讲解的内容并不详尽，大家可以花点时间看看 Java 官方的规范，以了解更多其他类的使用的信息。

6.1　算法和数据结构

6.1.1　算　法

算法（Algorithm）是对解题方案准确而完整的描述，是一系列解决问题的清晰指令。算法代表着用系统的方法描述解决问题的策略机制，也就是说，能够对一定规范的输入，在有限时间内获得所要求的输出。如果一个算法有缺陷，或不适合于某个问题，执行这个算法将不会解决这个问题。不同的算法可能用不同的时间、空间或效率来完成同样的任务。算法的优劣可以用空间复杂度与时间复杂度来衡量。

当我们编写计算机程序时，我们就是在用程序来实现算法的功能。例如，当我们想对数组或数字列表进行排序时，我们通常会想出一种算法来进行排序。算法是计算机科学中的一个核心概念，对于任何一个优秀的程序员来说都是很重要的。我们经常使用的算法有排序、搜索、图形问题、字符串处理等。Java 语言已经附带了许多已经定义好的算法，但是，我们仍然可以定义自己实际需求的算法。

1. 算法具有以下五个重要的特征：

(1) 有穷性（Finiteness），算法的有穷性是指算法必须能在执行有限个步骤之后终止。

(2) 确切性(Definiteness),算法的每一步骤必须有确切的定义。

(3) 输入项(Input),一个算法有零个或多个输入,以定义运算对象的初始情况,所谓零个输入是指算法本身以零为初始条件。

(4) 输出项(Output),一个算法有一个或多个输出,以反映对输入数据运算后的结果,没有输出的算法是毫无意义的。

(5) 可行性(Effectiveness),也称为有效性,算法中执行的任何计算步骤都是可以被分解为基本的、可执行的操作步骤,即每个计算步骤都可以在有限时间内完成。

2. 算法具有两个重要的要素

(1) 数据对象的运算和操作。计算机可以执行的基本操作是以指令的形式描述,一个计算机系统能执行的所有指令的集合,成为该计算机系统的指令系统。一个计算机的基本运算和操作有如下四类:

算术运算:加、减、乘、除等运算。

逻辑运算:或、且、非等运算。

关系运算:大于、小于、等于、不等于等运算。

数据传输:输入、输出、赋值等运算。

(2) 算法的控制结构。一个算法的功能结构不仅取决于所选用的操作,而且还与各操作之间的执行顺序有关。

3. 常用的算法主要有以下几种

(1) 递推法

递推法是编程中的一种常用算法;它是按照一定的规律来计算序列中的每个项,通常是通过计算机前面的一些项来得出序列中指定项的值;其思想是把一个复杂庞大的计算过程转化为简单过程的多次重复,该算法利用了计算机速度快和不知疲倦的特点。

(2) 递归法

递归是一个过程或函数在其定义或说明中有直接或间接调用自身的一种方法,它通常把一个大型复杂的问题层层转化为一个与原问题相似的、规模较小的问题来求解,递归只需少量的程序就可描述出解题过程所需要的多次重复计算,这样大大地减少了程序的代码量。递归的能力在于用有限的语句来定义对象的无限集合。一般来说,递归需要有边界条件、递归前进段和递归返回段。当边界条件不满足时,递归前进;当边界条件满足时,递归返回。

(3) 穷举法

穷举法(或称为暴力破解法)的基本思路是:对于要解决的问题,列举出它的所有可能的情况,逐个判断有哪些是符合问题所要求的条件,从而得到问题的解。穷举法也常用于对于密码的破译,即将密码进行逐个推算直到找出真正的密码为止。例如一个已知是四位,并且全部由数字组成的密码,其可能共有10 000种组合,因此最多尝试10 000次就能找到正确的密码。理论上利用这种方法可以破解任何一种密码,问题只在于如何缩短试误时间。因此有些人运用计算机来增加效率,有些人辅以字典来缩小密码组合的范围。

(4) 贪心算法

贪心算法是一种对某些求最优解问题的更简单、更迅速地设计技术。用贪心法设计算法的特点是一步一步地进行,常以当前情况为基础根据某个优化测度作最优选择,而不考虑各种可能的整体情况,它省去了为找最优解要穷尽所有可能而必须耗费的大量时间。贪心算法采用自顶向下,以迭代的方法做出相继的贪心选择,每做一次贪心选择就将所求问题简化为一个规模更小的子问题,通过每一步贪心选择,可得到问题的一个最优解,虽然每一步上都要保证能获得局部最优解,但由此产生的全局解有时不一定是最优的,所以贪婪法不要回溯。

(5) 分治法

分治法是把一个复杂的问题分成两个或更多相同或相似的子问题,再把子问题分成更小的子问题,直到最后子问题可以简单地直接求解,原问题的解即子问题解的合并。

分治法所能解决的问题一般具有以下几个特征:

① 该问题的规模缩小到一定的程度就可以容易地解决;

② 该问题可以分解为若干个规模较小的相同问题,即该问题具有最优子结构性质;

③ 利用该问题分解出的子问题的解可以合并为该问题的解;

④ 该问题所分解出的各个子问题是相互独立的,即子问题之间不包含公共的子问题。

(6) 动态规划法

动态规划法是一种在数学和计算机科学中使用的,用于求解包含重叠子问题的最优化问题的方法。其基本思想是:将原问题分解为相似的子问题,在求解的过程中通过子问题的解求出原问题的解。动态规划的思想是多种算法的基础,被广泛应用于计算机科学和工程领域。

(7) 迭代法

迭代法是一种不断用变量的旧值递推新值的过程,跟迭代法相对应的是直接法(或者称为一次解法),即一次性解决问题。迭代法又分为精确迭代和近似迭代。“二分法”和“牛顿迭代法”属于近似迭代法。迭代法是用计算机解决问题的一种基本方法,它利用计算机运算速度快、适合做重复性操作的特点,让计算机对一组指令(或一定步骤)进行重复执行,在每次执行这组指令(或这些步骤)时,都从变量的原值推出它的一个新值。

(8) 分支界限法

分枝界限法是一个用途十分广泛的算法,运用这种算法的技巧性很强,不同类型的问题解法也各不相同。分支定界法的基本思想是对有约束条件的最优化问题的所有可行解(数目有限)空间进行搜索。该算法在具体执行时,把全部可行的解空间不断分割为越来越小的子集(称为分支),并为每个子集内解的值计算一个下界或上界(称为定界)。在每次分支后,对凡是界限超出已知可行解值的那些子集不再做进一步分支,这样,解的许多子集(即搜索树上的许多结点)就可以不予考虑了,从而缩小了搜索范围。这一过程一直进行到找出可行解为止,该可行解的值不大于任何子集的界限。因此这种算法一般可以求得最优解。

(9) 回溯法

回溯法是一种选优搜索法,按选优条件向前搜索,以达到目标。但当探索到某一步时,发现原先选择并不优或达不到目标,就退回一步重新选择,这种走不通就退回再走的技术称为回溯法,而满足回溯条件的某个状态的点称为“回溯点”。

回溯法的基本思想是:在包含问题的所有解的解空间树中,按照深度优先搜索的策略,从根结点出发深度探索解空间树。当探索到某一结点时,要先判断该结点是否包含问题的解,如果包含,就从该结点出发继续探索,如果该结点不包含问题的解,则逐层向其祖先结点回溯。若用回溯法求问题的所有解时,要回溯到根结点,且根结点的所有可行的子树都要已被搜索遍才结束。而若使用回溯法求任一个解时,只要搜索到问题的一个解就可以结束。

6.1.2 数据结构

数据结构(data structure)是带有结构特性的数据元素的集合,它研究的是数据的逻辑结构和数据的物理结构,以及它们之间的相互关系,并对这种结构定义相适应的运算,设计出相应的算法,并确保经过这些运算以后所得到的新结构仍保持原来的结构类型。简而言之,数据结构是相互之间存在一种或多种特定关系的数据元素的集合,即带“结构”的数据元素的集合。“结构”就是指数据元素之间存在的关系,分为逻辑结构和存储结构。

数据的逻辑结构和物理结构是数据结构两个密切相关的方面,同一逻辑结构可以对应不同的存储结构。算法的设计取决于数据的逻辑结构,而算法的实现依赖于指定的存储结构。

数据结构的研究内容是构造复杂软件系统的基础,它的核心技术是分解与抽象。通过分解可以划分出数据的 3 个层次;再通过抽象,舍弃数据元素的具体内容,就得到数据的逻辑结构;类似地,通过分解将处理要求划分成各种功能,再通过抽象舍弃实现细节,就得到运算的定义。上述两个方面的结合可以将问题变换为数据结构。这是一个从具体(即具体问题)到抽象(即数据结构)的过程;然后,通过增加对实现细节的考虑进一步得到存储结构和实现运算,从而完成设计任务,这是一个从抽象(即数据结构)到具体(即具体实现)的过程。

数据结构的一个示例是用于保存多个相同类型项的数组或用于保存值的映射。Java 语言有许多预定义的数据结构,用于存储和修改不同类型的数据类型,我们也将在接下来的内容中介绍其中的一些数据结构。

1. 分　类

数据结构有很多种，一般来说，按照数据的逻辑结构对其进行简单的分类，可分为线性结构和非线性结构两类。

(1) 线性结构就是表中各个结点具有线性关系。如果从数据结构的语言来描述，线性结构应该包括如下几点：

① 线性结构是非空集；

② 线性结构有且仅有一个开始结点和一个终端结点；

③ 线性结构所有结点都最多只有一个直接前趋结点和一个直接后继结点。

线性表就是典型的线性结构，还有栈、队列等都属于线性结构。

(2) 非线性结构就是表中各个结点之间具有多个对应关系。如果从数据结构的语言来描述，非线性结构应该包括如下几点：

① 非线性结构是非空集；

② 非线性结构的一个结点可能有多个直接前趋结点和多个直接后继结点。

在实际应用中，数组、广义表、树结构和图结构等数据结构都属于非线性结构。

2. 常用的数据结构

在计算机科学的发展过程中，数据结构也随之发展，程序设计中常用的数据结构有以下几个。

(1) 数　组

数组(Array)是一种聚合数据类型，它是将具有相同类型的若干个变量有序地组织在一起的集合。数组是最基本的数据结构，在各种编程语言中都有对应。一个数组可以分解为多个数组元素，按照数据元素的类型，数组可以分为整型数组、字符型数组、浮点型数组、指针数组和结构数组等；数组还可以有一维、二维以及多维等表现形式。

(2) 栈

栈(Stack)是一种特殊的线性表，它只能在一个表的一个固定端进行数据结点的插入和删除操作。栈按照后进先出的原则来存储数据，也就是说，先插入的数据将被压入栈底，最后插入的数据在栈顶，读出数据时，从栈顶开始逐个读出。栈中没有数据时，称为空栈。

(3) 队　列

队列(Queue)和栈类似，也是一种特殊的线性表。和栈不同的是，队列只允许在表的一端进行插入操作，而在另一端进行删除操作。一般来说，进行插入操作的一端称为队尾，进行删除操作的一端称为队头。队列中没有元素时，称为空队列。

(4) 链　表

链表(Linked List)是一种数据元素按照链式存储结构进行存储的数据结构，这种存储结构具有物理上存在非连续的特点。链表由一系列数据结点构成，每个数据结点包括数据域和指针域两部分；其中，指针域保存了数据结构中下一个元素存放的地址。链表结构中数据元素的逻辑顺序是通过链表中的指针链接次序来实现的。

(5) 树

树(Tree)是典型的非线性结构。在树结构中,有且仅有一个根结点,该结点没有前驱结点。在树结构中的其他结点都有且仅有一个前驱结点,而且可以有两个后继结点。

(6) 图

图(Graph)是另一种非线性数据结构。在图结构中,数据结点一般称为顶点,而边是顶点的有序偶对。如果两个顶点之间存在一条边,那么就表示这两个顶点具有相邻关系。

(7) 堆

堆(Heap)是一种特殊的树形数据结构,一般讨论的堆都是二叉堆。堆的特点是根结点的值是所有结点中最小的或者最大的,并且根结点的两个子树也是一个堆结构。

6.2 数 组

数组是一种聚合数据类型,它是将具有相同类型的若干变量有序地组织在一起的集合。数组可以说是最基本的数据结构,在各种编程语言中都有对应。一个数组可以分解为多个数组元素,按照数据元素的类型,数组可以分为整型数组、字符型数组、浮点型数组、指针数组和结构数组等;数组还可以有一维、二维以及多维等表现形式。数组有以下三个特点。

1. 数组是相同数据类型元素的集合。

2. 数组中各元素的存储是有先后顺序的,它们在内存中按照先后顺序连续存放在一起。

3. 数组元素用整个数组的名字和它自己在数组中的顺序位置来表示。例如,a[0]表示名字为a的数组中的第一个元素,a[1]代表数组a的第二个元素,以此类推。

数组是一组相同项目的集合,它用于存放同一类型的多个项目。例如,一个Java数组可以是一组整数,如{1,2,3,4,5,6,7},此数组中的项数为7;数组也可以包含字符串或其他对象,例如{“张三”,“李四”,“王五”,“赵六”}。

我们可以使用数组的索引来访问它,索引是项在数组中的位置。数组中的元素从索引0开始,也就是说,第一个数字在索引0处,第二个数字在索引1处,第三个数字在索引2处,依此类推。在上文提到的整数数组中,最后一个数字在索引6处。

为了能够从数组中访问元素,我们使用访问数组myArray中的第一个项目myArray[0],访问第二个项目myArray[1],依此类推以访问第七个项目myArray[6]。

数组也有大小,即该数组中的项数。在Java语言中,当我们创建一个数组时,我们必须指定它的大小,创建数组后,无法更改数组的大小。

6.2.1 创建和初始化数组

要创建一个数组，需要声明数组的大小，如下所示：

```
int[]myArray = new int[10];
```

我们用方括号表示数组。在这个例子中，我们创建了一个包含 10 项的整数数组，索引从 0 到 9。我们指定项的数目，以便 Java 可以为元素保留足够的内存，我们还使用关键字 new 来表示一个新数组。

例如，声明 10 个双精度数组，如下所示：

```
double[]myArray = new double[10];
```

声明包含 10 个布尔值的数组，如下所示：

```
boolean[]myArray = new boolean[10];
```

声明 10 个 Person 对象的数组，如下所示：

```
Person[] people  =  new Person[10];
```

也可以创建数组，同时声明数组中的项，如下所示：

```
int[]myArray = {0,1,2,3,4,5,6,7,8,9};
```

6.2.2 访问数组元素

为了访问数组元素，我们使用方括号中的索引。例如，要访问第四个元素，我们使用 myArray[3]；要访问第十个元素，我们使用 myArray[9]，如下所示：

```
int first_element = myArray[0];
int last_element = myArray[9];
```

要获得数组的长度，我们使用关键字 length。它可以返回一个整数，即数组的项数，如下所示：

```
int length = myArray. length;
```

如果数组没有项，则 length 为 0。我们可以使用 length 和循环命令将项插入到数组

练习　使用循环创建阵列

使用控制流命令创建长数组非常有用，在这里我们将使用 for 循环创建 0～9 之间的数字数组。

1. 以 DataStr 作为类名创建一个新类，并定义 main 函数，如下所示：

```
public class DataStr {
public static void main(String[] args){
}
```

2. 创建一个长度为 10 的整数数组，如下所示：

```
int[]myArray = new int[10];
```

3. 使用从零开始的变量初始化 for 循环，每次迭代循环递增 1，循环的条件是小于数组长度，如下所示：

```
for (int i = 0; i < myArray.length; i++)
```

4. 将项目 i 插入数组，如下所示：

```
{
myArray[i] = i;
}
```

5. 使用类似的循环输出数组，如下所示：

```
for (int i = 0; i < myArray.length; i++){
System.out.println(myArray[i]);
}
```

完整代码如下所示：

```
public class DataStr {
    public static void main(String[] args){
        int[] myArray = new int[10];
    for (int i = 0; i < myArray.length; i++){
        myArray[i] = i;
    }
    for (int i = 0; i < myArray.length; i++){
        System.out.println(myArray[i]);
    }
  }
}
```

输出如图 6-1 所示。

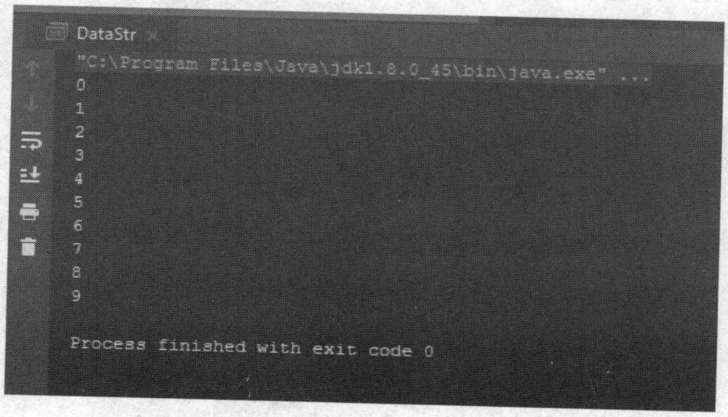

```
DataStr ×
"C:\Program Files\Java\jdk1.8.0_45\bin\java.exe" ...
0
1
2
3
4
5
6
7
8
9

Process finished with exit code 0
```

图 6-1 DataStr 类的输出

在本练习中，我们使用第一个循环将项插入，第二个循环用于输出数组的项目。同时，我们可以用一个 for - each 循环来代替第二个循环，这个循环要比 for 循环短得多，并且代码更容易阅读，代码如下所示：

```
for(int i:myArray){
System.out.println(i);
}
```

Java 为程序的执行自动绑定了检查，如果您创建了一个大小为 N 的数组，并且使用了一个值小于 0 或大于 N－1 的索引，那么您的程序将出现 ArrayOutOfBoundsException 。

练习　在数组中搜索数字

在本练习中，我们将检查用户输入的数字是否存在于数组中。

1. 定义一个名为 NumberSearch 的新类，并在其中定义 main 函数，如下所示：

```
public class NumberSearch {
    public static void main(String[] args){
    }
}
```

2. 请确保在顶部导入包，该包用于从输入设备读取数值，如下所示：

```
import java.util.Scanner;
```

3. 声明存储整数 2、4、7、98、32、77、81、62、45、71 的数组，如下所示：

```
int[]sample = {2,4,7,98,32,77,81,62,45,71};
```

4. 从用户处读取一个数字，如下所示：

```
Scanner sc = new Scanner(System.in);
System.out.print("Enter the number you want to find: ");
int ele = sc.nextInt();
```

5. 检查变量是否与数组示例中的任何项匹配，为此，程序需要遍历循环并检查数组的每个元素是否与值匹配，如下所示：

```
for (int i = 0; i < 10; i++) {
    if (sample[i] == ele) {
        System.out.println("Match found at element " + i);
        break;
    }
    else
    {
        System.out.println("Match not found");
        break;
```

```
    }
}
```

输出如图 6-2 所示。

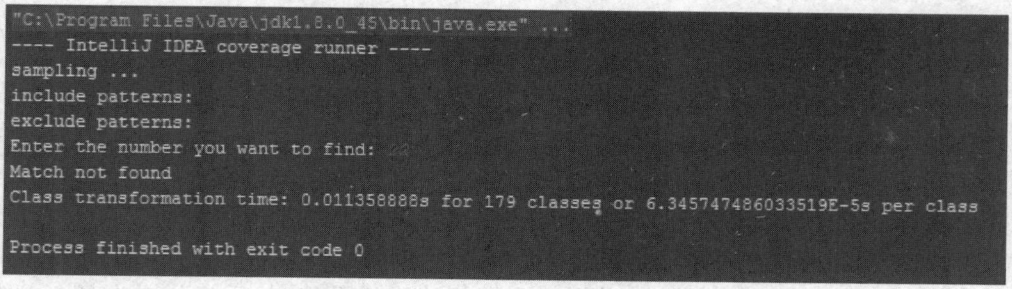

```
"C:\Program Files\Java\jdk1.8.0_45\bin\java.exe" ...
---- IntelliJ IDEA coverage runner ----
sampling ...
include patterns:
exclude patterns:
Enter the number you want to find: 22
Match not found
Class transformation time: 0.011358888s for 179 classes or 6.345747486033519E-5s per class

Process finished with exit code 0
```

图 6-2 NumberSearch 类的输出

测试 18 寻找数组中最小的数字

在这个测试中,我们将获取一个由 20 个未排序数字组成的数组,并在数组中循环找到最小的数。

1. 创建一个名为 ExampleArray 的类,并定义 main 函数。
2. 创建由 20 个浮点数组成的数组,如下所示:
14, 28, 15, 89, 46, 25, 94, 33, 82, 11, 37, 59, 68, 27, 16, 45, 24, 33,72, 51
3. 在数组中创建一个 for-each 循环,并为数组找到最小元素。
4. 输出最小浮点数。

测试 19 使用带运算符的数组计算器

在本测试中,您将更改之前的计算器以使其更具动态性,并使添加新运算符更容易。为此,您需要将所有可能的运算符添加到数组中,并使用 for 循环来确定要使用的运算符。

1. 创建一个 Operators 类,该类包含根据字符串确定要使用哪个运算符的逻辑。在这个类中,创建一个公共常量 default_ operator,它将成为 Operators 类的一个实例;然后创建另一个名为 Operators 数组类型的常量字段,将每个运算符的实例初始化,并记录其值。

2. 在 Operators 类中,添加一个名为 findOperator 的公共静态方法,该方法将运算符作为字符串接收并返回 Operators 的实例。在它内部,迭代可能的运算符数组,并对每个运算符使用 matches 方法,返回所选运算符,如果不匹配任何运算符,则返回默认运算符。

3. 创建一个包含三个字段的 CalculatorWithDynamicOperator 类,其中 operand1 和 operator2 为 double 类型,operator 为 Operators 类型。

4．添加一个拥有三个参数的构造函数：double 类型的 operand1 和 operator2 以及字符串形式的 operator。在构造函数中，使用方法 Operators. findOperator 来设置运算符，而不是使用 if-else 来选择运算符。

5．在 main 函数中，多次调用 Calculator 类并输出结果。

6.3 二维数组

到目前为止，我们之所看到的数组被称为一维数组，因为所有元素都在一行上。我们还可以声明同时具有列和行的数组，就像矩阵或网格。多维数组是我们前面看到的一维数组的数组，也就是说，可以将其中一行视为一维数组，然后将列视为多个一维数组。

在描述多维数组时，我们说数组是一个 M×N 的多维数组，表示该数组有 M 行，每个行的长度为 N，例如，一个 6×7 的数组如图 6-3 所示。

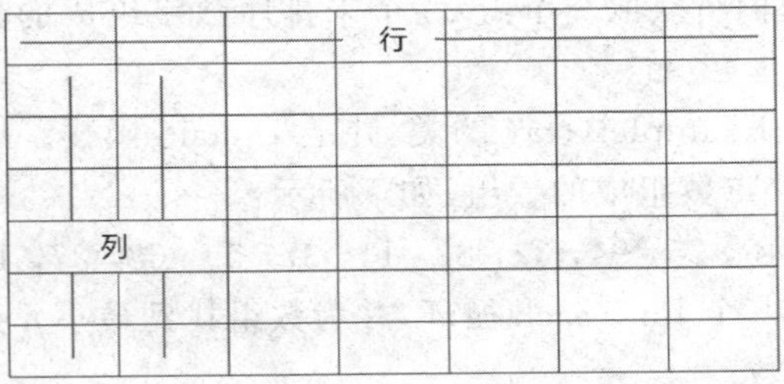

行

列

图 6-3 多维数组的图形表示

在 Java 语言中，为了创建二维数组，我们使用两个方括号[M][N]，这个符号创建一个 M×N 数组；然后，我们可以通过使用符号[i][j]来访问第 i 行第 j 列中的元素。

例如，要创建一个 8×10 的双精度多维数组，如下所示：

```
double[][] a = new double[8][10];
```

Java 将所有数值类型初始化为零，布尔值初始化为 false。我们还可以循环数组并手动将每个项初始化为我们选择的值，如下所示：

```
double[][] a = new double[8][10];
for (int i = 0; i < 8; i++)
for (int j = 0; j < 10; j++)
a[i][j] = 0.0;
```

练习 输出一个简单的二维数组

1. 在名为 Twoarray 的新类文件中设置 main 函数，如下所示：

```
public class Twoarray {
    public static void main(String args[]) {
    }
}
```

2. 将元素添加到数组 arr，如下所示：

```
int arr[][] = {1,2,3},{4,5,6},{7,8,9}};
```

3. 创建嵌套 for 循环。外循环按行输出元素，内循环按列输出元素，如下所示：

```
System.out.print("The Array is :\n");
for (int i = 0; i < 3; i++) {
    for (int j = 0; j < 3; j++) {
        System.out.print(arr[i][j] + "");
    }
    System.out.println();
}
```

4. 运行程序，结果如图 6-4 所示。

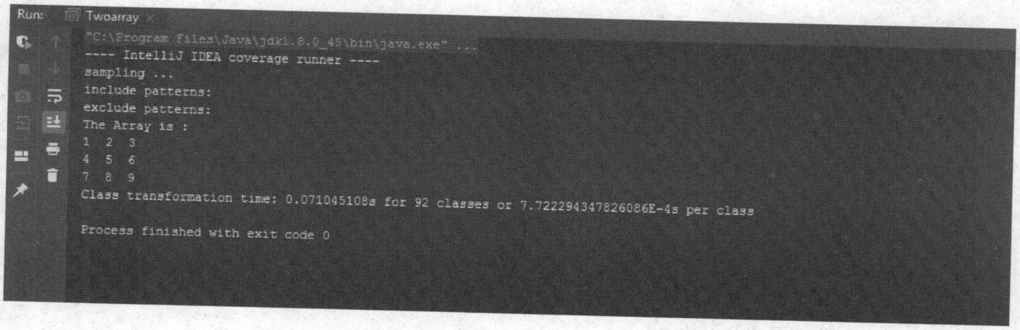

```
Run:  Twoarray
"C:\Program Files\Java\jdk1.8.0_45\bin\java.exe" ...
---- IntelliJ IDEA coverage runner ----
sampling ...
include patterns:
exclude patterns:
The Array is :
1  2  3
4  5  6
7  8  9
Class transformation time: 0.071045108s for 92 classes or 7.722294347826086E-4s per class

Process finished with exit code 0
```

图 6-4 Twoarray 类的输出

大多数使用二维数组的操作与一维数组的操作基本相同。但要记住的一个重要细节是多维数组 a[i]使用返回一维数组的行，您必须使用两个索引 a[i][j]来访问所需的确切位置。

练习 创建三维数组

这里我们将创建一个三维整数数组，并将每个元素初始化为其行、列和深度（x×y×z）。

1. 创建一个名为 Threearray 的类，并设置 main 函数，如下所示：

```
public class Threearray
```

```
{
    public static void main(String args[])
    {
    }
}
```

2. 声明三维数组 arr[2][2][2]，如下所示：

```
int arr[][][] = new int[2][2][2];
```

3. 声明迭代的变量，如下所示：

```
int i, j, k, num = 1;
```

4. 创建三个相互嵌套的循环，以便将数据写入三维数组中，如下所示：

```
for(i = 0; i<2; i++)
    {
        for(j = 0; j<2; j++)
            {
            for(k = 0; k<2; k++)
                {
                arr[i][j][k] = no;
                no++;
            }
        }
}
```

5. 在数组中使用嵌套 for 循环输出数组中元素的值，如下所示：

```
for(i = 0; i<2; i++)
    {
    for(j = 0; j<2; j++)
        {
        for(k = 0; k<2; k++)
        {
        System.out.print(arr[i][j][k] + "\t");
        }
    System.out.println();
    }
    System.out.println();
    }
}
}
}
}
}
```

完整的代码如下所示：

```
public class Threearray
{
    public static void main(String args[])
    {
        int arr[][][] = new int[2][2][2];
        int i, j, k, num = 1;
        for(i = 0; i<2; i ++ )
        {
            for(j = 0; j<2; j ++ )
            {
                for(k = 0; k<2; k ++ )
                {
                    arr[i][j][k] = num;
                    num ++ ;
                }
            }
        }
       for(i = 0; i<2; i ++ )
       {
           for(j = 0; j<2; j ++ )
           {
               for(k = 0; k<2; k ++ )
               {
                   System.out.print(arr[i][j][k] + "\t");
               }
               System.out.println();
           }
           System.out.println();
       }
    }
}
```

输出如图 6 - 5 所示。

```
1   2
3   4

5   6
7   8

Class transformation time: 0.054165701s for 106 classes or 5.10997179245283E-4s per class

Process finished with exit code 0
```

图 6 - 5 Threearray 类的输出

6.4 排 序

排序是计算机内经常进行的一种操作，其目的是将一组“无序”的记录序列调整为“有序”的记录序列。排序分内部排序和外部排序，若整个排序过程不需要访问外存便能完成，则称此类排序问题为内部排序；反之，若参加排序的记录数量很大，整个序列的排序过程不可能在内存中完成，则称此类排序问题为外部排序。

Java 语言提供了 Arrays 类，它可以用于数组的静态方法。这个类在包中是可用的，但是在使用它之前，需要先引用 java. util. array，如下所示：

```
import java.util.Arrays
```

在下面的代码中，我们可以看到如何使用 Arrays 类和我们可以使用的一些方法。

```
import java.util.Arrays;
class ArraysExample {
public static void main(String[] args) {
double[] myArray = {0.0, 1.0, 2.0, 3.0, 4.0, 5.0, 6.0, 7.0, 8.0,9.0};
System.out.println(Arrays.toString (myArray));
Arrays.sort(myArray);
System.out.println(Arrays.toString (myArray));
Arrays.sort(myArray);
int index = Arrays.binarySearch(myArray,7.0);
System.out.println("Position of 7.0 is: " + index);
}
}
```

输出如图 6 - 6 所示。

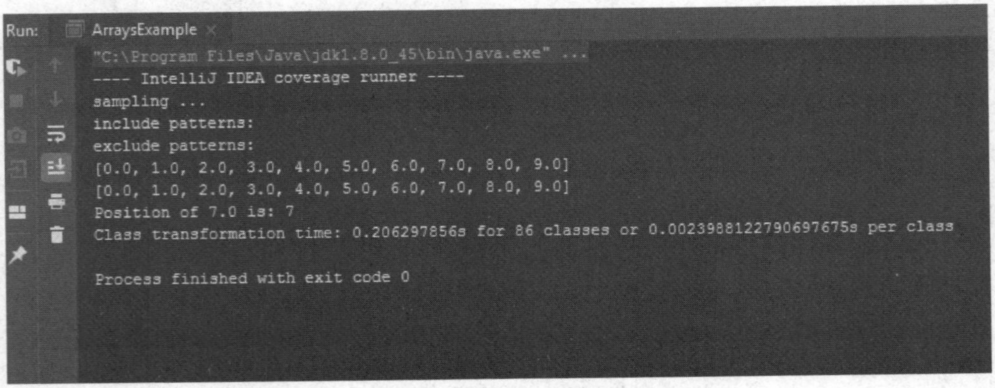

```
Run:    ArraysExample
"C:\Program Files\Java\jdk1.8.0_45\bin\java.exe" ...
---- IntelliJ IDEA coverage runner ----
sampling ...
include patterns:
exclude patterns:
[0.0, 1.0, 2.0, 3.0, 4.0, 5.0, 6.0, 7.0, 8.0, 9.0]
[0.0, 1.0, 2.0, 3.0, 4.0, 5.0, 6.0, 7.0, 8.0, 9.0]
Position of 7.0 is: 7
Class transformation time: 0.206297856s for 86 classes or 0.0023988122790697675s per class

Process finished with exit code 0
```

图 6 - 6 ArraysExample 类的输出

在这个程序中，有 Arrays 类三个的示例用法。在第一个示例中，我们看到了如何使用 Arrays. toString()输出数组的元素，而不需要前面使用的 for 循环；在第二个示例中，我们看到了如何使用 Arrays. sort()快速排序数组；在最后一个示例中，我们对数组进行排序，然后使用 Arrays. binarySearch()搜索 7.0，这里使用了一个二分查找的搜索算法。

6.4.1 插入排序

排序是算法在计算机科学中的基本应用之一，而插入排序是排序算法的一个经典示例，尽管它效率低下，但在研究数组和排序问题时，它是一个很好的起点。插入排序算法的步骤如下所示：

1. 获取数组中的第一个元素，并假定它已经排序。

2. 获取数组中的第二个元素，将其与第一个元素进行比较。如果它大于第一个元素，那么这两个项目已经排序；如果它小于第一个元素，请交换这两个元素，以便对它们进行排序。

3. 获取第三个元素。将其与已排序子数组中的第二个元素进行比较，如果较小，则将两者互换；再次与第一个元素进行比较，如果它比较小，那么再次交换这两个，使它成为第一个。现在已经对这三个元素进行排序。

4. 获取第四个元素并重复这个过程，如果它比它的左邻小，就交换它，否则就把它留在原来的位置。

5. 对数组中的其余项重复此过程。

6. 整个数组将被排序。

例如数组：[3,5,8,1,9]，其排序步骤如下所示：

1. 获取第一个元素[3]，并假定它已排序；
2. 获取第二个元素 5，因为它大于 3，所以我们保持数组不变：[3,5]；
3. 获取第三个元素 8，它大于 5，因此这里也没有交换：[3,5,8]；
4. 获取第四个元素 1，因为它小于 8，所以我们用 8 和 1 交换：[3,5,1,8]；
5. 因为 1 仍然小于 5，所以我们再次交换这两个值：[3,1,5,8]；
6. 1 仍然小于 3，我们再次交换：[1,3,5,8]；
7. 现在 1 是最小的；
8. 获取最后一个元素 9，它大于 8，因此不存在交换；
9. 整个数组现在已排序：[1,3,5,8,9]。

练习 实现插入排序

1. 创建一个名为 InsertionSort，的新类，并在该类中创建 main 函数，如下所示：

```
public class InsertionSort {
    public static void main(String[] args){
    }
}
```

2. 在 main 函数中，创建一个随机整数的样本数组，并将其传递给 sort 方法。使用数组[1,3,354,64,364,64,3,4,74,2,46]，如下所示：

```
int[] arr = {1, 3,354,64,364,64, 3,4 ,74,2 , 46};
System.out.println("Array before sorting is as follows: "); System.out.println(Arrays.
toString(arr));
```

3. 使用数组调用 sort()后，使用 for - each 循环将排序数组中的每个项输出为一个空格行，如下所示：

```
sort(arr);
    System.out.print("Array after sort looks as follows: ");
    for (int i : arr) {
        System.out.print(i + " ");
    }
  }
}
```

4. 创建一个名为 sort()的 void 方法，该方法接受整数数组并返回，如下所示：

```
public static void sort(int[] arr){
}
```

在 sort 方法内部，实现了算法排序。

5. 将整数 num 定义为数组的长度，如下所示：

```
int num = arr.length;
```

6. 创建一个 for 循环，直到 i 达到数组的长度为止。在循环内部，创建比较数字的算法：由索引定义整数 k，代表 i 的值，j 的值记为 i−1。在 for 循环中添加一个 while 循环，该循环在以下条件下切换：j 大于或等于 0 且索引处的整数大于 k，如下所示：

```
for (int i = 1; i < num; i++) {
        int k = arr[i];
        int j = i - 1;
    while (j>= 0 && arr[j] > k) {
        arr[j + 1] = arr[j];
        j = j - 1;
    }
    arr[j + 1] = k;
    }
}
```

完整的代码如下所示：

```
import java.util.Arrays;
public class InsertionSort {
    public static void sort(int[] arr) {
```

```
        int num = arr.length;
        for (int i = 1; i < num; i++) {
            int k = arr[i];
            int j = i - 1;
        while (j>= 0 && arr[j] > k) {
            arr[j + 1] = arr[j];
            j = j - 1;
        }
        arr[j + 1] = k;
        }
    }
    public static void main(String[] args) {
        int[] arr = {1, 3, 354, 64, 364, 64, 3, 4, 74, 2, 46};
        System.out.println("Array before sorting is as follows: ");
        System.out.println(Arrays.toString(arr));
        sort(arr);
        System.out.print("Array after sort looks as follows: ");
        for (int i : arr) ;
        System.out.print(i + " ");
    }
  }
}
```

输出如图 6-7 所示。

```
Array before sorting is as follows:
[1, 3, 354, 64, 364, 64, 3, 4, 74, 2, 46]
Array after sort looks as follows: 1 2 3 3 4 46 64 64 74 354 364
```

图 6-7 InsertionSort 类的输出

Java 语言可以使我们很容易处理常用的数据结构,如列表、堆栈、队列和映射等,因为在处理此类数据结构时,Java 语言提供了易于使用的框架。例如,当我们想要对数组中的元素进行排序或是在数组中搜索特定元素时,Java 提供了可以应用于集合的方法,只要它们符合集合框架的要求,集合框架的类可以保存任何类型的对象。

我们现在来看框架中的一个项数名为 ArrayList 的公共类。有时我们希望存储元素,但不确定所需的项数。我们需要一个数据结构,我们可以添加任意多个项目,并在需要时删除一些。到目前为止,我们看到的数组要求我们在创建它时指定项数,之后,除非创建一个全新的数组,否则无法更改该数组的大小。ArrayList 是一个动态列表,可以根据需要增加和减少项数;ArrayList 是用初始大小创建的,当我们添加或删除一个项时,大小会自动放大或缩小。

6.4.2 创建 ArrayList 并添加元素

创建 ArrayList 时，需要指定要存储对象的类型。数组列表只支持存储引用类型（即对象），不支持基元类型，但是，由于 Java 语言提供了所有的基元类型 wrapper classes，所以可以使用包装器类将这些基元存储在 ArrayList 中。为了将项附加到列表的末尾，我们将使用 add()方法，作为参数添加。ArrayList 还有一个 size()方法来获取和调用列表中的项数，该方法返回一个整数，如下所示：

```
import java.util.ArrayList; public class Person {
public static void main(String[] args){
Person john = new Person();
//初始大小为 0
ArrayList<Integer> myArrayList = new ArrayList<>();
System.out.println("Size of myArrayList: " + myArrayList.size());
//初始大小为 5
ArrayList<Integer> myArrayList1 = new ArrayList<>(5);
myArrayList1.add(5);
System.out.println("Size of myArrayList1: " + myArrayList1. size());
people.add(john);System.out.println("Size of people: " + people.size());
}
}
```

输出如下所示：

```
Size of myArrayList:0
Size of myArrayList:1
Size of people:1
```

首先，我们创建了一大小为 0、名为 holding types 的 ArrayList；其次，我们创建一个大小为 5 的类型，虽然初始大小为 5，但当我们添加更多项时，列表的大小将自动增加。最后，我们创建了一个 myArrayList。从这三步中，可以看出创建数组时应遵循以下原则：

1. 从 ArrayLis 类中导入 java. util 包；
2. 使用<>指定对象之间的数据类型；
3. 指定列表的名称；
4. 使用关键字 new 创建 ArrayList 的新实例；

以下是向 ArrayList 添加元素的一些方法，如下所示：

```
myArrayList.add( new Integer(1));
myArrayList1.add(1);
people.add(new Person());
```

在第一个行中，我们创建一个 Integer 新对象，并将其添加到列表中。新对象将被追加到列表 ArrayList 的末尾。在第二行中，我们插入了 1。在最后一个行中，创建了一个新的类对象，并将其附加到列表 ArrayList 中。

我们还可能希望在特定索引处插入元素，而不是在同一类中的列表末尾追加元素。这里我们指定要插入对象的索引和要插入的对象，如下所示：

```
myArrayList1.add(1, 8);
System.out.println("Elements of myArrayList1: " + myArrayList1.toString());
```

输出如下所示：

```
Size of myArrayList:0
Elements of myArrayList1:[5,8]
Size of myArrayList1:2
Size of people:1
```

6.4.3 更换和删除元素

ArrayList 还允许我们更换新的元素。在前面的代码中编写以下内容并观察输出：

```
myArrayList1.set(1, 3);
System.out.println("Elements of myArrayList1 after replacing the element: "
 + myArrayList1.toString());
```

输出如下所示：

```
Size of myArrayList:0
Elements of myArrayList1 after replacing the element:[5,8]
Elements of myArrayList1:[5,3]
Size of myArrayList1:2
Size of people:1
```

这里我们用一个名为 integer 的新对象替换索引 2 处的元素 3，如果我们替换索引大于列表大小或索引小于零的元素，可以使用 IndexOutOfBoundsException 方法。ArrayList 也支持删除单个元素或所有元素，操作如下所示：

```
//删除索引 1 处的元素
myArrayList1.remove(1);
System.out.println("Elements of myArrayList1 after removing the element: "
 + myArrayList1.toString());
//删除列表中的所有元素
myArrayList1.clear();
System.out.println("Elements of myArrayList1 after clearing the list: "
 + myArrayList1.toString());
```

输出如下所示：

```
Size of myArrayList:0
```

```
Elements of myArrayList1 after replacing the element:[5,8]
Elements of myArrayList1:[5,3]
Elements of myArrayList1 after removing the element:[5]
Elements of myArrayList1 after clearing the list:[]
Size of myArrayList1:0
Size of people:1
```

若要在特定索引处获取元素,可以使用 get()方法,该方法会返回一个对象,如下所示:

```
myArrayList1.add(10);
Integer one = myArrayList1.get(0);
System.out.println("Element at given index: " + one);
```

输出如下所示:

```
Size of myArrayList:0
Elements of myArrayList1 after replacing the element:[5,8]
Elements of myArrayList1:[5,3]
Elements of myArrayList1 after removing the element:[5]
Elements of myArrayList1 after clearing the list:[]
Size of myArrayList1:0
Size of people:1
Element at given index:10
```

如果传递的索引无效,此方法也将引发 IndexOutOfBoundsException 异常。为避免出现异常,请始终首先检查列表的大小,如下所示:

```
Integer two = myArrayList1.get(1);
```

结果如图 6-8 所示。

```
Exception in thread "main" java.lang.IndexOutOfBoundsException: Index 1 out of bounds for length 1 <3 internal calls>
    at java.base/java.util.Objects.checkIndex(Objects.java:372)
    at java.base/java.util.ArrayList.get(ArrayList.java:458)
    at Person.main(Person.java:31)
```

图 6-8 IndexOutbounds 异常消息

练习 添加、删除和替换数组中的元素

1. 为 java.util 列表导入 ArrayList 和 List 类,如下所示:

```
import java.util.ArrayList;
import java.util.List;
```

2. 创建一个 public 类以及 main 函数,如下所示:

```
public class StudentList {
    public static void main(String[] args) {
```

3. 定义学生列表包含字符串，如下所示：

```
List<String>students = new ArrayList<>();
```

4. 加上四个学生的名字，如下所示：

```
students.add("zhang");
students.add("zhao");
students.add("wang");
students.add("liu");
```

5. 输出数组并删除最后一个学生，如下所示：

```
System.out.println(students);
students.remove("liu");
```

6. 输出数组，如下所示：

```
System.out.println(students);
```

7. 替换第一个学生(索引 0 处)，如下所示：

```
students.set(0, "li");
```

8. 输出数组，如下所示：

```
System.out.println(students);
}
}
```

输出结果如下所示：

```
List of students: [zhang, zhao, wang, liu]
List of students after removing elements: [zhang, zhao, wang]
List of students after replacing name: [li, zhao, wang]
```

6.5 迭代器

迭代器(Iterator)不是一个集合，它是一种用于访问集合的方法，可用于迭代 ArrayList 和 HashSet 等集合。Iterator 是 Java 迭代器最简单的实现，ListIterator 是 Collection API 中的接口，它扩展了 Iterator 接口。

Java 语言的 collections 框架提供了迭代器，我们可以使用这些迭代器来完成遍历。迭代器就像指向列表中项的指针，我们可以使用迭代器来查看列表中是否有下一个元素，然后检索它。我们可将迭代器视为集合框架的循环，并可以使用对象 array.iterator()来遍历一个数组。

迭代器 it 的基本操作是 next 、hasNext 和 remove。调用 it.next() 会返回迭代器

的下一个元素，并且更新迭代器的状态；调用 it. hasNext() 用于检测集合中是否还有元素；调用 it. remove() 将迭代器返回的元素删除。Iterator 类位于 java. util 包中，使用前需要引入它，语法格式如下所示：

```
import java.util.Iterator; // 引入 Iterator 类
```

练习　遍历 ArrayList

1. 导入 ArrayList 包和迭代器 Iterator，如下所示：

```
import java.util.ArrayList;
import java.util.Iterator;
```

2. 创建一个 public 类以及 main 函数，如下所示：

```
public class Cities {
public static void main(String[] args){
```

3. 创建数组并添加城市名称，如下所示：

```
ArrayList<String> cities = new ArrayList<>();
cities.add( "London");
cities.add( "New York");
cities.add( "Tokyo");
cities.add( "Beijing");
cities.add( "Sydney");
```

4. 定义包含字符串的迭代器，如下所示：

```
Iterator<String> citiesIterator = cities.iterator();
```

5. 用循环遍历迭代器，用 hasNext()输出每个城市名，如下所示：

```
while (citiesIterator.hasNext()){
String city = citiesIterator.next();
System.out.println(city);
}
}
}
```

输出如下所示：

```
London
New York
Tokyo
Beijing
Sydeny
```

在这个类中，我们创建了一个包含字符串的 ArrayList，然后我们插入一些名称并创建了一个 citiesIterator 迭代器。集合框架中的类支持 iterator()方法，该方法返回迭代的集合。迭代器还有一个 hasNext()方法，因为我们声明了包含字符串类型：. Iterator<String> citiesIterator，如果列表在当前位置之后有另一个元素，则调用 true，next()返回下一个对象的方法与一个对象实例，然后隐式将其向下转换为字符串，如图 6－9 所示 。

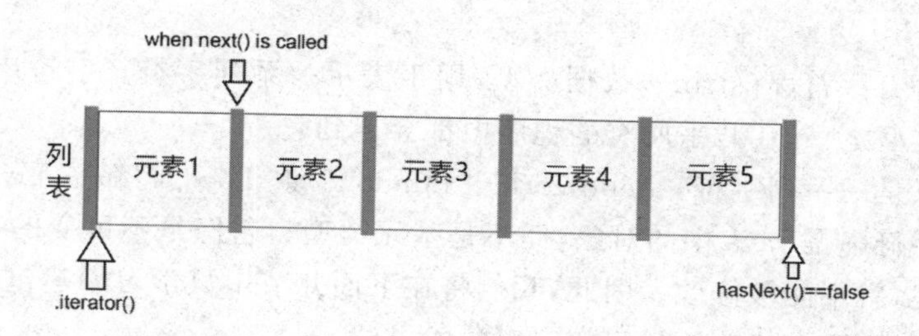

图 6－9　next()和 hasNext()的工作原理

我们也可以使用 for 循环来实现相同的目的，其替代了迭代器的工作，如下所示：

```
for (int i = 0; i < cities.size(); i++){
String name = cities.get(i);
System.out .println(name);
}
```

在这里，我们使用 size()方法检查列表的大小，并在给定的索引处通过 get()检索元素。这里没有必要将对象强制转换为字符串，因为 Java 已经知道我们正在处理的是字符串。

类似地，我们可以使用一个更简洁的 for－each 循环，可以达到同样的效果，如下所示：

```
for (String city : cities) {
System.out.println(city);
}
```

测试 20　运用 ArrayList

我们有一些学生希望能加入开设的课程中。然而，我们目前还不确定确切的学生人数，但预计会有越来越多的学生来学习我们的课程，这个数字会有所变化。我们希望能够循环刷新学生名单，并输出他们的名字。我们需要创建一个 ArrayList 对象，并使用迭代器循环。

1. 从 java.util 导入 ArrayList 和 Iterator；

2. 创建一个名为 StudentsArray 的新类；

3. 在 main 函数中，定义 Student 对象的 ArrayList，我们用四种不同的构造函数实例化他们；

4. 为列表创建一个迭代器，并打印每个学生的名字；

5. 最后,从 ArrayList 中清除所有对象。

6.6 字符串

Java 语言有字符串(string)数据类型,用于表示一系列字符。字符串是 Java 中最基本的数据类型之一,在几乎所有的程序中都会遇到它。

字符串只是一系列字符,“helloworld”“London”和“Toyota”都是 Java 语言中的字符串示例。字符串是 Java 中的对象,而不是基元类型。它们是不可变的,也就是说,一旦它们被创建,就不能被修改。因此,我们将在下面几节中只学习创建包含操作结果的新字符串对象,而不会修改原始字符串对象的方法。

6.6.1 创建字符串

与字符的单引号相比,我们使用双引号表示字符串,如下所示:

```
public class StringsDemo {
    public static void main(String[] args) {
    String hello = "Hello World";
    System.out.println(hello);
    }
}
```

输出如下所示:

```
Hello World
```

对象 hello 现在是一个字符串,并且是不可变的。但是我们可以在字符串中使用分隔符,例如表示换行符\n、显示制表符\t 或表示回复\r,如下所示:

```
String data = '\t' + "Hello" + '\n' + " World";
System.out.println(data);
```

我们在 Hello 前面有一个制表符,World 前面有一个换行符,输出如下所示:

```
    Hello
World
```

6.6.2 字符串串联

我们可以在一个串联的过程中组合多个字符串文本,我们使用符号“+”连接两个字符串,如下所示:

```
String str = "Hello " + "World";
System.out.println(str);
```

输出如下所示：

```
Hello World
```

当我们想要替换一个由运行计算得到的值时，经常使用串联，如下所示：

```
String userName = getUserName();//从数据库或输入字段等外部位置获取用户名
System.out.println(" Welcome " + userName);
```

在第一行中，程序从定义的方法中获取 userName。那么我们使用 Welcome username 的形式输出一条欢迎信息，当我们需要表示跨越多行的字符串时，连接也很重要，如下所示：

```
String quote = "I have a dream that " +
"all Java programmers will " +
"one day be free from " +
"all computer bugs!";
System.out.println(quote);
```

除了符号"+"之外，Java 还提供了 concat()方法连接两个字符串文本，如下所示：

```
String wiseSaying = "Java programmers are " . concat("wise and knowledgeable").concat
(".");
System.out.println(wiseSaying);
```

6.6.3 字符串长度

程序通过 length()方法获取字符串中的字符数。字符数是所有有效 Java 字符的计数，包括换行符、空格和制表符，如下所示：

```
String saying = "To be or not to be, that is the question."
int num = saying.length();
System.out.println(num);
```

输出如下所示：

```
4
```

要访问给定索引处的字符，请使用 charAt(i)。此方法获取所需字符的索引，并返回它的一个字符，如下所示：

```
char c = quote.charAt(7);
System.out.println(c);
```

输出如下所示：

```
r
```

当使用的 charAt(i)大于字符串中字符数或负数的索引调用时，将导致程序崩溃，如下所示：

```
StringIndexOutOfBoundsException
    char d = wiseSaying.charAt( - 3);
```

报错如图 6 - 10 所示。

```
Exception in thread "main" java.lang.StringIndexOutOfBoundsException: String index out of range: -3
    at java.base/java.lang.StringLatin1.charAt(StringLatin1.java:47)
    at java.base/java.lang.String.charAt(String.java:693)
    at Strings.main(Strings.java:24)
```

图 6 - 10　StringIndexOutOfBoundsException 消息

我们还可以使用 getChars()方法将字符串转换为字符数组，此方法返回一个可以使用的字符数组，我们可以转换整个字符串或部分字符串，如下所示：

```
char[] chars = new char [quote.length()];
quote.getChars(0, quote.length(), chars, 0);
System.out.println(Arrays.toString (chars));
```

输出如图 6 - 11 所示。

```
[I,  , h, a, v, e,  , a,  , d, r, e, a, m,  , t, h, a, t,  , a, l, l,  , J, a, v, a,  , p, r, o, g, r, a, m, m, e, r, s,
```

图 6 - 11　字符数组

测试 21　输入字符串并输出其长度

为了检查输入到系统中的名称是否过长，我们可以使用前面提到的一些功能来计算名称的长度。在此测试中，您需要编写一个程序，该程序需要对输入的名称进行转换，然后输出名称的长度和第一个首字母。

1. 导入 java. util. Scanner 包；
2. 创建一个名为 nameTell 的类和 main 函数；
3. 使用 Scanner 在 nextLine 提示“"Enter your name"；
4. 计算字符串的长度并找到第一个字符。

测试 22　计算器

把所有的计算器逻辑封装在一起，我们将编写一个命令行计算器，在这里你可以给出运算符，两个操作数，计算器将显示结果。应用程序以 while 循环开始，然后从用户那里读取输入，并基于此做出决策。

对于此测试，你需要编写一个只有两个选择的应用程序：退出或执行操作。如果用户键入 Q (或 q)，应用程序将退出循环并完成。任何其他的操作都将被视为 Operators，继续执行。您将使用 findOperator 方法查找运算符，然后请求用户提供更多输入。每一个输入都将被转换双精度小数，然后使用找到的运算符对它们进行操作，并将结果输出。由于无限循环，应用程序将重新启动，请求另一个用户的行动。

1. 创建一个 CommandLineCalculato 类和 main 函数。

2. 使用无限循环来保持应用程序运行,直到用户请求退出。

3. 收集用户输入以决定要执行的操作。如果操作是 Q 或 q,则退出循环。

4. 如果是其他操作,请找到一个运算符并请求两个其他输入将被操作数改变为双精度小数;

5. 调用找到的运算符上的 operate 方法,并将结果输出。

6.6.4 字符串类型转换

有时我们希望将给定的类型转换为字符串以便输出,或者我们希望将字符串转换为给定类型。例如,我们希望将字符串“100”转换为整数 100,或将整数 100 转换为字符串“100”。使用运算符“+”可将基元数据类型连接到字符串,并返回该项的字符串表示形式。例如,以下是如何在整数和字符串之间进行转换:

```
String str1 = "100";
Integer number = Integer.parseInt(str1);
String str2 = number.toString();
System.out.println(str2);
```

输出如下所示:

```
100
```

这里我们使用 parseInt()方法获取字符串的整数值,然后使用 toString()方法将整数转换回字符串。此外,如果要将整数转换为字符串,我们可将其与空字符串“”连接起来,如下所示:

```
int a = 100;
String str = "" + a;
```

输出如下所示:

```
100
```

6.6.5 比较两个字符串

字符串类支持许多方法来比较两个字符串。比较两个字符串是否相等,可用如下方法:

```
String data = "Hello";
String data1 = "Hello";
    if (data == data1){
        System. out .println("Equal");
        }else{
    System. out .println("Not Equal");
}
```

输出如下所示：

```
Equal
```

如果此字符串以给定子字符串结尾或以其开头，则返回 true，如下所示：

```
boolean value =  data.endsWith( "ne");
    System.out.println(value);
boolean value1  =  data.startsWith("He");
    System.out.println(value);
```

输出结果如下所示：

False

True

6.6.6 字符串拼接

我们已经声明了字符串是不可变的，也就是说，一旦它们被声明，就不能被修改。但是，有时我们希望修改字符串。在这种情况下，我们可以使用 StringBuilder 类，它与普通字符串作用一样，但是可以修改。同时，Java 还提供了其他额外的方法，例如 capacity()返回为字符串分配容量，reverse()反转字符串中的字符。StringBuilder 类还支持与 String 类中的相同方法，例如 length()和 to String()

练习 使用 StringBuilder

本练习将使用三个字符串以创建一个新的字符串，然后输出其长度、容量，并将其转换：

1. 创建一个名为 StringBuilderExample 的公共类，然后创建 main 函数，如下所示：

```
import java.lang.StringBuilder;
    public class StringBuilder
    {
    public static void main(String[] args)
{
```

2. 创建一个名为 StringBuilder 的新对象，如下所示：

```
StringBuilder stringBuilder  =  new StringBuilder();
```

3. 附加三个短语，如下所示：

```
stringBuilder.append( "Java programmers ");
stringBuilder.append( "are wise " );
stringBuilder.append( "and knowledgeable");
```

4. 以\n作为换行符打印字符串，如下所示：

```
System.out.println("The string is \n" + stringBuilder.toString());
```

5. 找到字符串的长度并输出，如下所示：

```
int len = stringBuilder.length();
    System.out.println("The length of the string is: " + len);
```

6. 找到字符串的容量并输出，如下所示：

```
int capacity = stringBuilder.capacity();
    System.out.println("The capacity of the string is: " + capacity);
```

7. 反转字符串并使用换行符将其输出，如下所示：

```
stringBuilder.reverse();
    System.out.println("The string reversed is: \n" + stringBuilder);
    }
}
```

输出如图 6-12 所示。

```
The string is
Java programmers are wise and knowledgeable
The length of the string is: 43
The capacity of the string is: 70
The string reversed is:
elbaegdelwonk dna esiw era sremmargorp avaJ
```

图 6-12 StringBuilder 类的输出

在本练习中，我们创建了一个默认容量为 16 的 StringBuilder 新实例。然后插入了一些字符串，最后输出整个字符串。我们还通过使用 length()获取生成器中的字符数并得到了存储器的容量，其通常大于或等于字符串的长度，最后我们把生成器中的所有字符都颠倒过来，然后输出。

测试 23 删除字符串中的重复字符

为了创建安全的密钥，我们决定需要创建不包含重复字符的字符串行。在这个测试中，您将创建一个接受字符串、删除所有重复字符并输出结果的程序。

其中一种方法是循环遍历字符串的所有字符，对于每个字符，程序再次遍历字符串，检查字符是否已经存在。如果发现一个重复字符，程序会立即删除它。

1. 创建一个名为 Unique 的新类，并在其中创建 main 函数，保持其为空。

2. 创建一个新的方法 removeDups，它接受并返回一个字符串。这是我们的算法运行的关键。

3. 在方法内部，检查字符串是否为 null、空或长度为 1。如果这些情况中有任何一个是真的，程序只要返回原始字符串，不需要进行检查。

4. 创建一个名为 result 空的字符串，他返回最终的结果。

5. 创建从 0 到传入的字符串长度的循环。

6. 在循环中，获取字符串当前索引处的字符，将变量命名为 c。

7. 同时创建一个布尔值并将其初始化为假，当我们遇到重复项时，我们会将它改为真。

8. 创建另一个从 0 到 length()的嵌套循环。

9. 循环内，在结果的当前索引处获取字符，把它命名为 d。

10. 比较 c 和 d，如果它们相等，则设置为真。

11. 关闭内循环，进入第一个循环。

12. 检查布尔值。如果是假，则把 c 添加到结果。

13. 跳出第一个循环并返回结果。

14. 回到我们的空方法，创建一些测试字符串，测试结果如下所示：

```
aaaaaaa
aaabbbbb
abcdefgh
Ju780iu6G768
```

15. 将字符串传递给我们的方法并输出从方法返回的结果。

16. 检查结果。应该删除返回字符串中的重复字符。

第 7 章　集合框架和泛型

在前面的章节中，我们已经学习了如何将对象分组到数组中以帮助我们成批处理数据。数组确实很有用，但是数组的长度是静态的，当数组加载未知量的数据时，其很难处理数据。此外，访问数组中的对象需要知道数组的索引，否则需要遍历整个数组才能找到对象。ArrayList 可以解决数组的这些问题，前面章节中已经简要讲解了 ArrayList，我们知道它可以动态更改其大小以支持更高级用例的数组。

在本章中，我们将学习 ArrayList 的实际工作原理。我们还将认识集合框架(Java Collections 框架)，这其中就包括一些更高级的数据结构如何用于更高级的实例。我们还将学习如何在数据结构上进行迭代，以及如何高效地对集合进行排序。

此外，我们还将学习泛型，这是从编译器获得有关使用集合和其他特殊类帮助的强大方法。

7.1　用 Java 读取文件

计算机中有许多类型的文件：可执行文件、配置文件、数据文件等。我们已知的文件可以分成两个基本组：二进制文件和文本文件。

人类与计算机文件的交互是间接的，例如执行应用程序(可执行文件)或加载到 Excel 中的电子表格文件时，使用二进制文件。如果您试图查看这些文件的内部，您将看到一堆无法读取的字符。这种类型的文件非常有用，因为它们可以被压缩以占用较少的存储空间，并且可以进行结构化以便计算机能够快速地读取它们。

另一方面，文本文件包含可读字符。如果用文本编辑器打开它们，可以看到其中的内容，但并不是所有的格式都是可供人类阅读的，有些格式几乎是不可能理解的，但是大多数文本文件都可以被人类阅读和编辑。

7.1.1　CSV 文件

CSV 文件是一种非常常见的文本文件类型，可用于在系统之间传输数据。CSV 很有用，因为它们易于生成和阅读。这种文件的结构非常简单：每行一条记录、第一行是标题、每个记录都是一个长字符串，其中的值用逗号与其他记录隔开(值也可以用其他分隔符分隔)。

7.1.2 Java 读取文件的基本原理

Java 有两组基本的类用于读取文件：Stream 类和 Reader 类，Stream 类读取二进制文件，Reader 类读取文本文件。IO 包可以组合起来，并添加 Stream 类和 Reader 类功能。本节将用一个简单的例子来解释这些问题，并借助 FileReader 和 BufferedReader 说明。FileReader 一次读取一个字符，BufferedReader 可以缓冲这些字符，以便一次读取一行。这简化了我们读取 CSV 时的工作，因为我们只需创建一个实例，然后用 IO 包装，最后从 CSV 文件逐行读取，如图 7-1 所示。

图 7-1 从 CSV 文件读取文件的图示

练习 读取 CSV 文件

在本练习中，需要使用 FileReader 和 BufferedReader 从 CSV 文件中读取行数据，然后拆分并处理这些数据：

1. 创建名为 ReadCSVFile.java 的文件并添加同名的类，然后创建 main 函数，如下所示：

```
public class ReadCSVFile {
    public static void main(String [] args) throws IOException {
```

2. 添加一个字符串变量，该变量将获得命令行参数加载，如下所示：

```
String fileName = args[0];
```

3. 创建一个新的 FileReader，并将其导入 BufferedReader 中，如下所示：

```
FileReader fileReader = new FileReader(fileName);
try (BufferedReader reader = new BufferedReader(fileReader)) {
```

4. 现在可以打开一个要读取的文件，程序可以逐行读取它。BufferedReader 会显示一个新行，一直到文件的末尾。当文件结束时，它将返回 null。因此，我们可以声明一个变量行并在条件中设置它。我们需要立即检查它是否为空；同时，还需要一个变量来计算从文件的行数，如下所示：

```
String line;
int lineCounter = -1;
    while ( (line = reader.readLine()) ! = null ) {
```

5. 在循环中，增加行计数并忽略第 0 行，这是文件的开头，如下所示：

```
lineCounter ++ ;
```

```
    if (lineCounter == 0) {
        continue;
    }
```

6. 最后，使用 String 类中的 split 方法拆分行。该方法接收一个分隔符，在我们的例子中是一个逗号，如下所示：

```
String [] split = line.split(",");
    System.out.printf("%d - %s\n", lineCounter, split[1]);
```

7.1.3 构建 CSV 阅读器

现在您已经知道如何从 CSV 文件读取数据，就像 BufferedReader 允许程序逐行读取文本文件一样，CSV 阅读器允许程序逐条读取 CSV 文件，它建立在 BufferedReader 功能之上，并添加了逗号分隔符作为拆分行的逻辑。图 7－2 显示了使用 CSV 时，程序读取文件的过程。

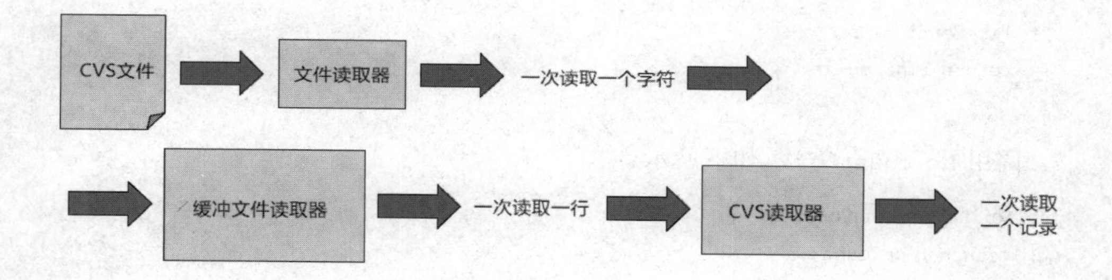

图 7－2　CSVReader 可以添加到链中，逐个读取记录

练习　构建 CSV 阅读器

在本练习中，我们将构建一个简单的 CSV 阅读器。

1. 创建一个名为 CSVReader.java 的新文件，并打开编辑器。

2. 在这个文件中，创建一个公共类 CSVReade，并实现 Closeable 接口，如下所示：

```
public class CSVReader implements Closeable {
```

3. 添加两个字段，一个字段存储 BufferedReade 要读取的位置，另一个字段存储行计数，如下所示：

```
private final BufferedReader reader;
private int lineCount = 0;
```

4. 创建一个构造函数来接收 BufferedReader，并将其设置为字段，如下所示。

```
public CSVReader(BufferedReader reader) throws IOException {
this.reader = reader;
```

```
    reader.readLine();
}
```

5. 从底层调用 close 方法来实现关闭文件，如下所示：

```
public void close() throws IOException {
    this.reader.close();
}
```

6. 就像 BufferedReader 方法一样，CSVReader 类也有一个 readRecord 方法，它将从文件中读取行，然后返回该字符串，并用逗号分隔。在这种方法中，程序将跟踪到目前为止已经读了多少行。我们还需要检查读取器是否返回了一行，因为它可以返回 null，这意味着程序已经读取完文件，没有更多的行可以读取，程序如下所示：

```
public String[] readRow() throws IOException {
    String line = reader.readLine();
    if (line == null) {
        return null;
    }
    lineCount ++ ;
    return line.split(",");
}
```

7. 调用 linecount 方法，如下所示：

```
public int getLineCount() {
    return lineCount;
}
```

8. 创建一个名为 UseCSVReaderSample. java r 的新文件和 main 函数，如下所示：

```
public class UseCSVReaderSample {
    public static void main (String [] args) throws IOException {
```

9. 按照我们以前从 CSV 中读取行的相同模式，现在可以使用 CSVReader 类从 CSV 文件中读取数据，并将以下内容添加到 main 函数，如下所示：

```
String fileName = args[0];
FileReader fileReader = new FileReader(fileName);
BufferedReader reader = new BufferedReader(fileReader);
    try (CSVReader csvReader = new CSVReader(reader)) {
        String[] row;
    while ( (row = csvReader.readRow()) ! = null ) {
        System.out.printf(" % d -  % s\n", csvReader.getLineCount(), row[1]);
    }
}
```

10. 编译代码,程序需要调用 java.io 包,如下所示:

```
import java.io.BufferedReader;
import java.io.FileReader;
import java.io.IOException;
```

7.2 数组

正如前面已经讲过的,数组作用确实很强大,但是它的静态特性使其在某些情况下使用变得很困难。例如,您需要从某个数据库或 CSV 文件加载一段代码。在加载完所有数据之前,从数据库或文件中获取的数据量是未知的。如果您使用的是数组,则必须在每次读取记录时调整数组大小,这将会变得非常复杂。

下面的代码说明如何调整数组大小:

```
//将数组增加一
//创建新数组
User[] newUsers = new User[users.length + 1];
//复制数据
System.arraycopy(users, 0, newUsers, 0, users.length);
//转换
users = newUsers;
```

为了提高效率,程序可以使用指定容量的初始化数组,并在读取完所有记录后修改数组,以确保数组中不包含任何额外的空行。在向数组中添加新记录时,还需要确保数组具有足够的容量,否则,您必须创建一个具有足够空间的新数组,并将数据复制到新数组上。

练习 将数据从 CSV 文件读入数组

在本练习中,您将学习如何使用数组存储来自数据源的无限量数据。

1. 创建一个名为 User.java 的文件,并添加一个同名的类。这个类将有三个字段:id, name 和 email。这个文件还有一个构造函数,可以用这三个值初始化文件,如下所示:

```
public class User {
    public int id;
    public String name;
    public String email;
    public User(int id, String name, String email) {
        this.id = id;
        this.name = name;
        this.email = email;
```

```
        }
    }
```

2. 在 User 类的开头，添加一个 static 方法，该方法将根据字符串数组中的值创建用户。这在从 CSV 中读取的值创建 User 时非常有用，如下所示：

```
public static User fromValues(String [] values) {
    int id = Integer.parseInt(values[0]);
    String name = values[1];
    String email = values[2];
    return new User(id, name, email);
}
```

3. 创建另一个名为 IncreaseOnEachRead.java 的文件，并添加一个同名的类和 main 函数，将第一个参数从命令行传递给 loadUsers 方法，然后输出加载的用户数，如下所示：

```
public class IncreaseOnEachRead {
    public static final void main (String [] args) throws Exception{
        User[] users = loadUsers(args[0]);
        System.out.println(users.length);
    }
}
```

4. 在同一个文件中，添加另一个名为 loadUsers 的方法，该方法将返回一个用户数组，并接收一个名为 fileToRead 的字符串，该字符串将是 CSV 文件的路径读取，如下所示：

```
public static User[] loadUsers(String fileToReadFrom) throws Exception {
```

5. 在 main 函数中，首先创建一个空的数组 users，然后在最后返回它，如下所示：

```
User[] users = new User[0];
return users;
```

6. 在这两行之间，添加 CSVReader 来调用 CSV 文件。读取每个数据，并将数组的大小增加一，然后在数组中记录位置，如下所示：

```
BufferedReader lineReader = new BufferedReader(new FileReader(fileToReadFrom));
try (CSVReader reader = new CSVReader(lineReader)) {
    String [] row = null;
    while ( (row = reader.readRow()) ! = null) {
        // 增加一个数组
        // 创建新数组
        User[] newUsers = new User[users.length + 1];
        // 复制数据
    System.arraycopy(users, 0, newUsers, 0, users.length);
```

```
        //交换
        users = newUsers;
        users[users.length - 1] = User.userFromRow(row);
        }
    }
```

输出如下所示：

```
27
```

现在您可以从CSV文件中读取并引用从该文件加载的所有用户数据，这实现了在每次读取记录时，动态增加数组的方法。

测试24　使用具有初始容量的数组从CSV文件读取用户数据

在本活动中，您将从CSV文件读取用户数据，这与您在上一个练习中的操作方式类似，但不是每次读取数据都增加数组的容量，我们可以创建具有初始容量的数组，并根据需要对其进行扩展。最后，您需要检查数组是否还有空的空间，并减小它以返回一个大小与加载的用户数相同的数组。

1. 使用初始容量来初始阵列。
2. 从循环中的命令行传入的路径中读取CSV文件，创建用户并将其添加到数组中。
3. 跟踪在变量中加载了多少用户。
4. 在将用户添加到数组之前，您需要检查数组的大小，并在必要时进行扩展。
5. 最后，根据需要缩小数组以返回加载的确切用户数。

7.3　Java集合框架

7.3.1　概　述

在构建复杂的应用程序时，您需要以不同的方式操作对象集合。最初，Java核心库仅限于三个选项：Array、Vector和Hashtable，他们都有着自己的运行方式，但随着时间的推移，这三个选项已经不能满足实际的需要，人们开始构建自己的框架来处理更复杂的用例，比如分组、排序和比较等。

Java集合框架被添加到Java标准版中，通过提供高效易用的数据结构和算法，减少编程工作量，提高Java应用程序的性能和互操作性。集合框架中的接口和实现类为Java开发人员提供了一种简单的方法来构建可共享和重用的代码。

集合框架需要满足以下几个要求：

- 该框架必须是高性能的，基本集合（动态数组、链表、树和哈希表）的实现也必须是高效的；

- 该框架允许不同类型的集合以类似的方式工作,具有高度的互操作性;
- 对一个集合的扩展和适应必须是简单的。

为此,整个集合框架就围绕一组标准接口而设计。你可以直接使用这些标准的接口实现功能,诸如:LinkedList,HashSet 和 TreeSet 等,除此之外你也可以通过这些接口实现自己的集合。

从图 7-3 的集合框架图可以看到,Java 集合框架主要包括两种类型的容器,一种是集合(Collection),存储一个元素集合;另一种是图(Map),存储键/值对映射。

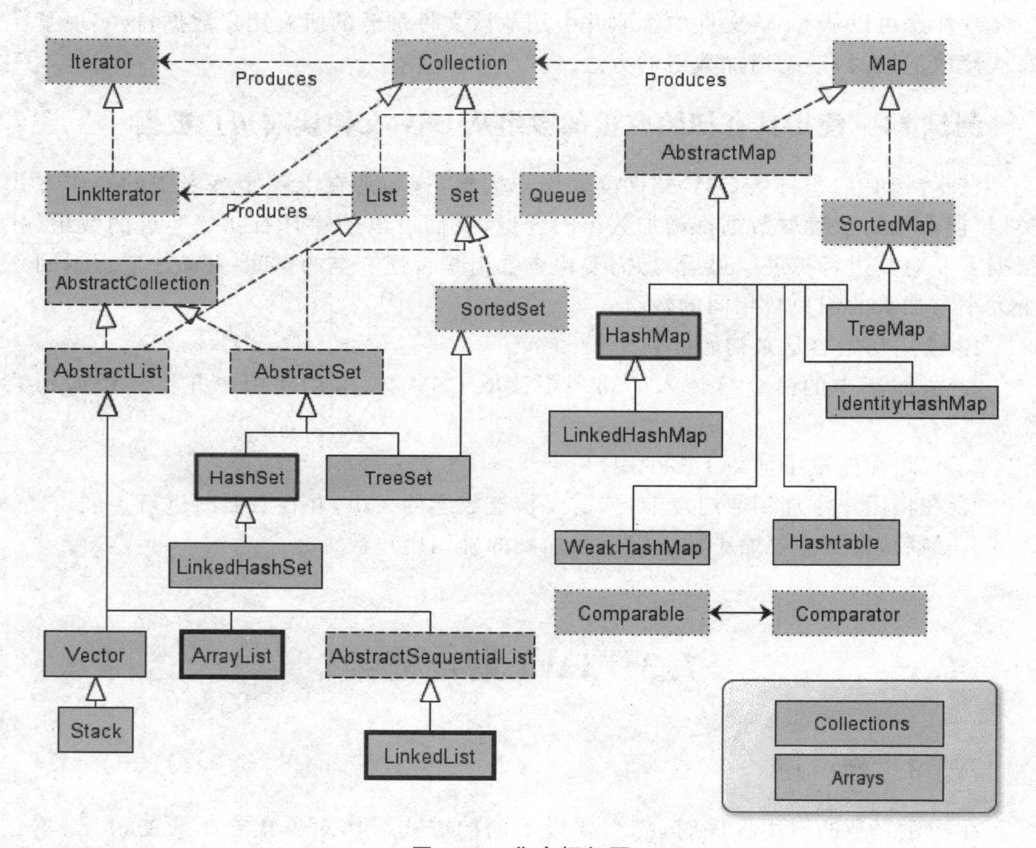

图 7-3 集合框架图

集合框架是一个用来代表和操纵集合的统一架构,所有的集合框架都包含如下内容:

接口:是代表集合的抽象数据类型,例如 Collection、List、Set、Map 等。之所以定义多个接口,是为了以不同的方式操作集合对象

实现(类):是集合接口的具体实现。从本质上讲,它们是可重复使用的数据结构,例如:ArrayList、LinkedList、HashSet、HashMap 等。

算法:是实现集合接口对象里的方法执行的一些有用的计算,例如:搜索和排序。这些算法被称为多态,那是因为相同的方法可以在相似的接口上有着不同的实现。

除了集合框架，该框架也定义了几个 Map 接口和类。Map 里存储的是键/值对，尽管 Map 不是集合，但是它们完全整合在集合中。

7.3.2 向　量

向量解决了数组静态的问题。它为数组提供了一种动态和可伸缩的方法来存储对象，它可以随着添加新元素的数量增加而增长，也可以接收大量元素，并且很容易迭代元素。

为了在不必调整数组内部大小的情况下处理数组数据内部数据，向量会使用一些容量先对数组进行初始化，并使用指针值跟踪最后一个元素被添加到的位置，指针值只是标记该位置的整数，默认情况下，初始容量为 10。当添加的容量超过数组的初始容量时，内部数组将被复制到一个新的数组中，这个新数组比原数组大一些，拥有更多的空间以便添加额外的元素。图 7－4 是向量工作的示意图。

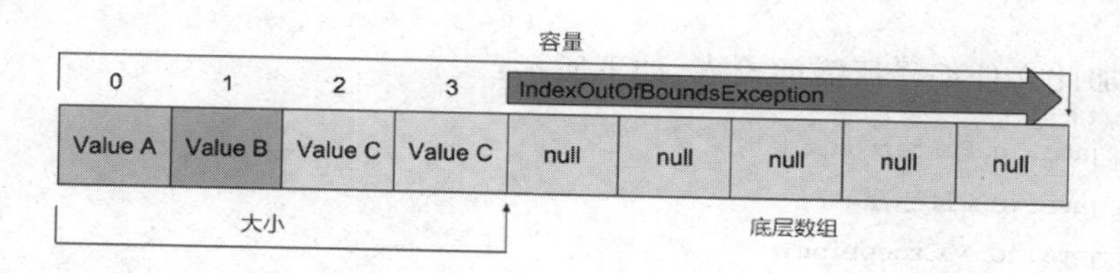

图 7－4　向量示意图

在 Java 集合框架出现之前，使用向量在 Java 中获取动态数组的方法时有两个主要问题：

- 缺乏易于理解和扩展的定义接口；
- 完全同步，这意味着它受到多线程代码的保护。

在 Java 集合框架之后，向量被修改为符合新的接口，解决了第一个问题。

练习　将用户数据从 CSV 文件读入向量

由于向量可以根据需要解决增长和减少的问题，因此在本练习中，我们将使用向量，而不是处理数组的大小；我们还将创建一个 UsersLoader 类。

1. 创建一个名为 UsersLoader.java 的文件，并在其中添加一个同名的类，如下所示：

```
public class UsersLoader {
}
```

2. 我们将使用该类添加共享方法，以便在以后的练习中从 CSV 文件加载用户数据。我们需要编写一个命令将用户数据从 CSV 加载到向量中。添加一个返回向量的公共静态方法，在此方法中，实例化 Vector 并结束，如下所示：

```
private static Vector loadUsersInVector(String pathToFile)
    throws IOException {
```

```
    Vector users = new Vector();
    return users;
}
```

3. 在创建 Vector 和返回数据之间，从 CSV 文件加载数据并向其添加向量，如下所示：

```
BufferedReader lineReader = new BufferedReader(
new FileReader(pathToFile));
try (CSVReader reader = new CSVReader(lineReader)) {
    String [] row = null;
    while ( (row = reader.readRow()) ! = null) {
        users.add(User.fromValues(row));
    }
}
```

4. 添加此文件编译所需的输入，如下所示：

```
import java.io.BufferedReader;
import java.io.FileReader;
import java.io.IOException;
import java.util.Vector;
```

5. 创建一个名为 ReadUsersIntoVector.java 的文件，并添加具有相同名称的类和 main 函数，如下所示：

```
public classReadUsersIntoVector {
    public static void main (String [] args) throws IOException {
    }
}
```

6. 在 main 函数中，与我们在数组中所做的类似，调用将用户从 CSV 文件加载的向量，然后输出向量的大小。在本例中，使用我们在前面创建的 loadUsersInVector() 方法，如下所示：

```
Vector users = UserLoader.loadUsersInVector(args[0]);
System.out.println(users.size());
```

7. 添加编译此文件的输入，如下所示：

```
import java.io.IOException;
import java.util.Vector;
```

练习输出如下所示：

```
27
```

测试 25 使用向量读取真实数据集

创建一个应用程序来计算文件中的最低、最高和平均工资。在读取所有行之后,程序应该输出这些结果。

1. 使用 CSVReader 将文件中的所有工资加载到整数向量中。可以修改 CSVReader 以支持文件。
2. 迭代向量中的值并跟踪三个值:最小值、最大值和总和。
3. 最后输出结果。

7.3.3 迭代集合

使用数组时,有以下几种迭代方法。

1. 使用带索引的 for 循环,如下所示:

```
for (int i = 0; i < values.length; i++) {
    System.out.printf("%d - %s\n", i, values[i]);
}
```

2. 使用 for - each 循环进行迭代,但在循环中您无法访问元素,如下所示:

```
for (String value : values) {
    System.out.println(value);
}
```

3. 当需要迭代一个向量时,可以使用带索引的循环,就像数组一样,如下所示:

```
for (int i = 0; i < values.size(); i++) {
    String value = (String) values.get(i);
    System.out.printf("%d - %s\n", i, value);
}
```

4. 在循环中使用向量,就像数组的 for - each 循环,如下所示:

```
for (Object value : values) {
    System.out.println(value);
}
```

这是因为向量可以使用 Iterable 接口。Iterable 是一个简单的接口,它告诉编译器实例可以在循环中使用。实际上,我们可以更改实现 CSV Reader,然后在循环中使用它,代码如下所示:

```
try (IterableCSVReader csvReader = new IterableCSVReader(reader)) {
    for (Object rowAsObject : csvReader) {
        User user = User.fromValues((String[]) rowAsObject);
        System.out.println(user.name);
    }
```

```
}
```

Iterable 是一个非常简单的接口,它只有一个需要实现的方法,就是该方法返回迭代器。迭代器是另一个简单的接口,它有两个方法实现:

- hasNext():如果迭代器仍有元素,则返回真值;
- next():获取下一条记录并返回。在调用此函数之前,如果 hasNext()返回为假,则程序会报错。

迭代器表示从集合中获取内容的简单方法。但是它还有另一个在一些复杂的文件中很重要的 remove()方法,remove()用于删除刚从调用 next()获取的当前元素。这个方法很重要,因为当程序在集合上重新迭代时,无法修改它;这意味着,如果一个循环从向量中读取元素,然后在这个循环中移除元素,就会报错。因此,如果您使用每一个循环的集合,那么在这个循环中,您需要从向量中移除元素,必须使用迭代器。

你一定在想:"为什么要设计成这样?"因为 Java 是一种多线程语言。现代计算机的多核能力,在同一个内存段中,多个线程可以同时访问同一个数据段。对于集合和数组,在处理多线程应用程序时必须非常小心。图 7-5 是一个多线程报错的例子。

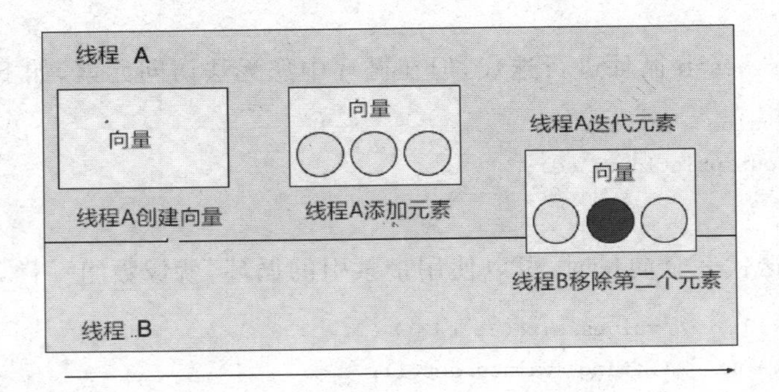

图 7-5 ConcurrentModificationException 报错的说明

ConcurrentModificationException 报错比我们预期的更常见,下面是一个使用 for 循环迭代器避免此问题的示例:

```
for (Iterator it = values.iterator(); it.hasNext();) {
    String value = (String) it.next();
    if (value.equals("Value B")) {
        it.remove();
    }
}
```

测试 26 迭代用户向量

现在您已经有了一个从 CSV 文件加载所有用户的方法,并且知道了如何在一个向量上进行迭代,请编写一个应用程序,输出文件中所有用户的姓名和电子邮件。

1. 创建一个新的 Java 应用程序，从一个向量中的 CSV 文件加载数据。文件将从命令行指定。

2. 在向量中迭代用户数据并输出一个字符串，该字符串是用户姓名和电子邮件的串联。

7.3.4 哈希表(Hashtable)

数组和向量在处理许多要按顺序处理的对象时非常有用，但是，如果有一组对象需要通过键来索引，例如某种标识，那么使用数组或向量就会变得很麻烦。

哈希表是一种非常古老的数据结构，创建它就是为了解决这个问题：给定一个值，快速地识别，并在数组中找到这个值。为了解决这个问题，哈希表使用哈希函数来唯一地标识对象。在这个散列中，哈希表可以使用另一个函数(通常是除法的余数)将值存储在数组中，这使得向表中添加元素并获取它的过程变得非常快。图 7－6 是如何在哈希表中存储和获取值的过程。

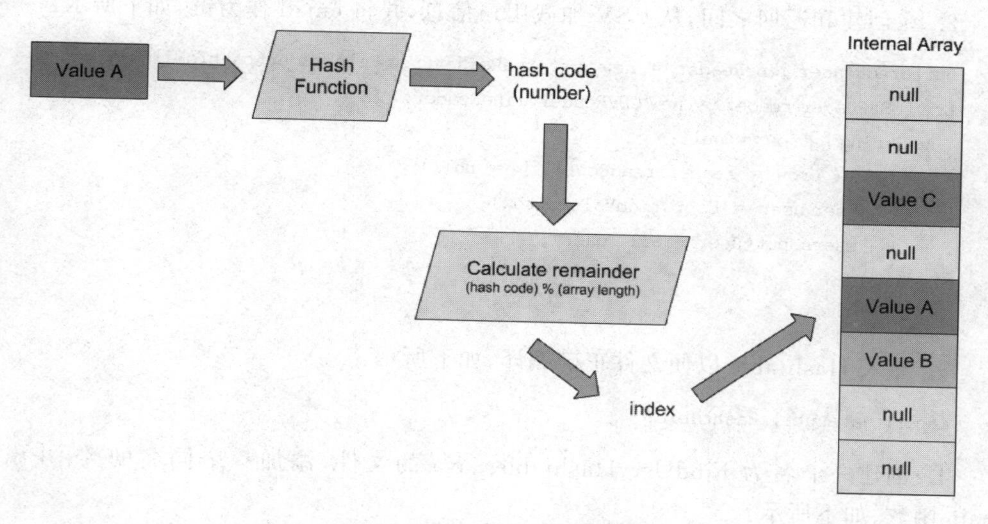

图 7－6 从哈希表中存储和获取值的过程

哈希表使用数组在内部存储一个表示键值对的项。当哈希表中放入变量时，需要提供键和值；该键用于查找该项在数组中的存储位置；然后，哈希表将创建一个包含键和值的条目，并将其存储在指定的位置。要获取该值，需要传入用于计算哈希的键，然后可以在数组中快速找到该项。

与向量一样，哈希表类是在集合框架之前添加到 Java 中的，因此，它也遇到了向量所面临的两个问题：缺少定义的接口和完全同步。此外，与向量一样，在引入集合框架之后，哈希表也被改造以符合新的接口，这使它成为框架中无缝的一部分。

练习 编写一个通过电子邮件找到用户的应用程序

编写一个应用程序，该应用程序将用户信息从指定的 CSV 文件读入哈希表，并将其电子邮件当作键；然后，程序从命令行接收电子邮件地址，并在哈希表中搜索该地址，输出其信息：

1. 在 UsersLoader.java 文件中，添加一个新方法，该方法将使用电子邮件作为键将用户加载到哈希表中。在开头创建一个 Hashtable，然后在结束时返回它，如下所示：

```
public static Hashtable loadUsersInHashtableByEmail(String pathToFile)
    throws IOException {
    Hashtable users = new Hashtable();
    return users;
}
```

2. 在创建和返回之间，从 CSV 加载用户信息，并将 email 作为键，如下所示：

```
BufferedReader lineReader = new BufferedReader(new FileReader(pathToFile));
try (CSVReader reader = new CSVReader(lineReader)) {
    String [] row = null;
    while ( (row = reader.readRow()) ! = null) {
        User user = User.fromValues(row);
        users.put(user.email, user);
    }
}
```

3. 导入 Hashtable 以便文件正确编译，如下所示：

```
import java.util.Hashtable;
```

4. 创建一个名为 FindUserHashtable.java 的文件，添加一个同名的类，并添加 main 函数，如下所示：

```
public class FindUserHashtable {
    public static void main(String [] args) throws IOException {
    }
}
```

5. 在 main 函数中，使用我们在前面步骤中创建的方法，将用户加载到 Hashtable，并输出找到的用户数，如下所示：

```
Hashtable users = UsersLoader.loadUsersInHashtableByEmail(args[0]);
System.out.printf("Loaded % d unique users.\n", users.size());
```

6. 输出文本以通知用户您正在等待他们键入电子邮件地址，如下所示：

```
System.out.print("Type a user email: ");
```

7. 使用 Scanner 从用户读取输入，如下所示：

```
try (Scanner userInput = new Scanner(System.in)) {
    String email = userInput.nextLine();
```

8. 检查电子邮件地址是否存在。如果没有，输出一条提示消息并退出程序，如下所示：

```
if (! users.containsKey(email)) {
    System.out.printf("Sorry, user with email %s not found.\n", email);
    return;
}
```

9. 如果找到，输出找到的用户信息，如下所示：

```
User user = (User) users.get(email);
System.out.printf("User with email '%s' found!", email);
System.out.printf(" ID: %d, Name: %s", user.id, user.name);
```

10. 添加必要的导入，如下所示：

```
import java.io.IOException;
import java.util.Hashtable;
import java.util.Scanner;
```

电子邮件地址不存在的情况下的输出，如下所示：

```
Loaded 5 unique users.
Type a user email: william.gates@microsoft.com
User with email 'william.gates@microsoft.com' found! ID: 10, Name: Bill Gates
```

电子邮件地址存在的情况下的输出，如下所示：

```
Loaded 5 unique users.
Type a user email: randomstring
Sorry, user with email randomstring not found.
```

7.4 泛　型

7.4.1 泛型概述

Java 泛型是 J2SE1.5 中引入的一个新特性，其本质是参数化类型，也就是说所操作的数据类型被指定为一个参数(type parameter)，这种参数类型可以用在类、接口和方法的创建中，其可分别被称为泛型类、泛型接口、泛型方法。泛型的特点主要有以下几点。

第一是泛化。可以用 T 代表任意类型，Java 语言中引入泛型是一个较大的功能增强，不仅语言、类型系统和编译器有了较大的变化，以支持泛型，而且类库也进行了大翻修，所以许多重要的类，比如集合框架，都已经成为泛型化的了，这带来了很多好处。

第二是类型安全。泛型的一个主要目标就是提高 Java 程序的类型安全，使用泛型可以使编译器知道变量的类型限制，进而可以在更高程度上验证类型假设。如果不用泛型，则必须使用强制类型转换，而强制类型转换不安全，在运行期可能发生 ClassCast Exception 异常，如果使用泛型，则会在编译期就能发现该错误并消除。

第三是消除强制类型转换。泛型可以消除源代码中的许多强制类型转换，这样可以使代码更加可读，并减少出错的机会。

第四是向后兼容。支持泛型的 Java 编译器(例如 JDK1.5 中的 Javac)可以用来编译经过泛型扩充的 Java 程序(Generics Java 程序)。

7.4.2 泛型原理

与泛型相关的类(如 Vector)无法显式地告诉编译器其只接受了一种类型。因此，它在任何地方都要使用对象，并且像 instanceof 和 casting 的运行时检查是时时刻刻都要发生的。为了解决这个问题，在 java 5 中引入了泛型方式。在本节中，您将更好地了解问题、解决方案以及如何使用泛型方式。

当你声明一个数组时，你需要在数组内部声明数据的类型。如果您试图在其中添加其他内容，它将无法编译。代码如下所示：

```
User[] usersArray = new User[1];
usersArray[0] = user;

File.java:15: error: incompatible types: String cannot be converted to User
    usersArray[0] = "Not a user";
```

假设您尝试使用矢量，如下所示：

```
Vector usersVector = new Vector();
usersVector.add(user);
usersVector.add("Not a user");
```

编译器无法执行，同样的事情也适用于 Hashtable，如下所示：

```
Hashtable usersTable = new Hashtable();
usersTable.put(user.id, user);
usersTable.put("Not a number", "Not a user");
```

在获取数据时也会发生这种情况。从数组中获取数据时，编译器会知道其中的数据类型，因此不需要强制转换，如下所示：

```
User userFromArray = usersArray[0];
```

要从集合中获取数据，需要强制转换数据。例如：将两个元素添加到前一个元素之后，如下所示：

```
User userFromVector = (User) usersVector.get(1);
```

程序会自动编译，但运行时会报错，如下所示：

```
Exception in thread "main" java.lang.ClassCastException: java.lang.String
cannot be cast to User
```

在很长一段时间内，Java会出现很多错误，泛型的出现，改变了一切。泛型是一种告诉编译器泛型类只能与指定类型一起工作，这意味着：

- 泛型类（Generic class）：泛型类是一个具有泛型功能的类，它可以与不同类型（如向量）一起工作，可以存储任何类型的对象。
- 指定类型（Specified type）：对于泛型，当你实例化一个泛型类时，你需要指定泛型类将与什么类型一起使用。例如，可以指定程序只希望将用户存储在向量中。
- 编译（Compiler）：必须强调泛型是只在编译时使用的特性，运行时没有关于泛型类型定义的信息，在运行时，一切都不变。

泛型类有一个特殊的声明，它声明了泛型类需要多少类型。一些泛型类需要多种类型，但大多数只需要一种类型。在用于泛型类的Javadocs中，有一个特殊的尖括号＜＞表示参数列表，指定泛型类需要多少个类型参数，例如I＜T, R＞。以下是java.util.Map的屏幕截图，它是集合框架中的一个接口，如图7-7所示。

java.util

Interface Map<K,V>

Type Parameters:

K - the type of keys maintained by this map

V - the type of mapped values

图7-7 java.util.Map显示泛型类型声明

7.4.3 泛型使用

若要使用泛型，在声明泛型类的实例时，请使用尖括号＜＞指定该实例将使用的类型。以下是如何声明只处理用户的向量：

```
Vector<User> usersVector = new Vector<>();
```

对于哈希表，需要指定键和值的类型。对于将用户ID作为键存储的哈希表，声明如下所示：

```
Hashtable<Integer, User> usersTable = new Hashtable<>();
```

只要用正确的参数声明泛型类型就可以解决我们前面描述的问题。例如，声明一个 vector，以便它只处理用户。您可以尝试向其添加字符串，代码如下所示：

```
usersVector.add("Not a user");
```

但是，这将导致编译错误，如下所示：

```
File.java:23: error: no suitable method found for add(String)
usersVector.add("Not a user");
```

现在编译器确保除了用户之外没有其他内容被添加到向量中，您可以从中获取数据，而不必对其进行强制转换，编译器将自动为您转换类型，如下所示：

```
User userFromVector = usersVector.get(0);
```

练习　通过姓名或电子邮件中的文本查找用户

该程序将用户信息从 CSV 文件读入一个向量；然后，系统会要求您输入一个用于筛选用户的字符串。应用程序将输出其姓名或电子邮件中包含传入字符串的所有用户的信息：

1. 打开文件 UsersLoader.java 并将所有方法设置为使用集合的泛型版本。loadUsersInHashtableByEmail 应该如下所示(仅显示已更改的行)：

```
public static Hashtable<String, User> loadUsersInHashtableByEmail(String pathToFile)
        throws IOException {
    Hashtable<String, User> users = new Hashtable<>();
}
```

程序的 loadUsersInVector 应该如下所示(只显示已更改的行)：

```
public static Vector<User> loadUsersInVector(String pathToFile) throws IOException{
    Vector<User> users = new Vector<>();
}
```

2. 创建一个名为 FindByStringWithGenerics.java 的文件，并添加一个具有相同名称的类和 main 函数，如下所示：

```
public class FindByStringWithGenerics {
    public static void main (String [] args) throws IOException {
    }
}
```

3. 将对 loadUsersInVector 方法的调用添加到 main 函数中，值存储在具有指定泛型类型的向量中。输出加载的用户数，如下所示：

```
Vector<User> users = UsersLoader.loadUsersInVector(args[0]);
System.out.printf("Loaded %d users.\n", users.size());
```

4. 键入一个字符串，并在将其转换为小写后将其存储在变量中，如下所示：

```
System.out.print("Type a string to search for: ");
try (Scanner userInput = new Scanner(System.in)) {
    String toFind = userInput.nextLine().toLowerCase();
}
```

5. 在 try-with-resource 模块中，创建一个变量来计算找到的用户数。然后，从我们之前加载的向量中迭代用户，并在电子邮件中搜索每个用户的字符串和名称，确保将所有字符串都设置为小写，如下所示：

```
int totalFound = 0;
for (User user : users) {
    if (user.email.toLowerCase().contains(toFind)
            ||user.name.toLowerCase().contains(toFind)) {
        System.out.printf("Found user: %s",user.name);
        System.out.printf(" Email: %s\n", user.email);
        totalFound++;
    }
}
```

6. 如果 totalFound 为零，表示找不到用户，则输出一条提示消息。否则，输出用户已经找到：

```
if (totalFound == 0) {
    System.out.printf("No user found with string '%s'\n", toFind);
} else {
    System.out.printf("Found %d users with '%s'\n", totalFound, toFind);
}
```

以下是找不到用户情况的输出：

```
Loaded 27 users.
Type a string to search for: will
Found user: Bill Gates Email: william.gates@microsoft.com
Found user:Bill Gates Email: william.gates@microsoft.com
Found user: Bill Gates Email: william.gates@microsoft.com
Found user: Bill Gates Email: william.gates@microsoft.com
Found user: Bill Gates Email: william.gates@microsoft.com
Found 5 users with 'will'
```

以下是找到用户情况的输出：

```
Loaded 27 users.
Type a string to search for: randomstring
No user found with string 'randomstring'
```

7.5 比 较

在我们的日常生活中，我们总是比较事物，例如，冷/热、短/高、薄/厚、大/小。物体可以用不同的光谱进行比较，也可以通过颜色、大小、重量、体积、高度、宽度等来比较它们。在比较两个对象时，我们通常关心的是找出哪一个比另一个多（或少），或者在我们使用的任何度量标准上它们是否相等。有两种基本的情况下比较对象很重要：找到最大（或最小）和排序。

当我们找到最大值或最小值时，会将所有的物体相互比较，然后从我们所看到的任何方面选出最值，其他一切都可以忽略不计。排序则更为复杂，您必须跟踪到目前为止比较过的所有元素，并且还需要确保在这一过程中对它们进行排序。集合框架包括一些接口、类和算法，可以帮助您完成比较和排序。

在 Java 中，有一个接口描述如何将对象相互比较。java. lang. Comparable 接口是一个泛型接口，它只有一个需要实现的方法 compareTo（T）。compareTo（T）返回一个数值，数值可为负整数、零或正整数，以此来表示此对象小于、等于或大于指定对象。

为了理解它的工作原理，让我们以字符串为例比较两个字符串，如下所示：

```
"A".compareTo("B") < 0 // ->true
"B".compareTo("A") > 0 // ->true
```

如果比较中的“A”小于“B”，那么它将返回一个负数（它可以是任何数字，大小不代表任何内容）。如果两者相同，则返回零。如果“A”大于“B”，那么它将返回一个正数（同样，大小没有任何意义）。这一切都很正常，直到出现以下情况：

```
“a”.compareTo(“B”)<0// ->错误
```

当程序阅读字符串 Javadoc 时，compareTo 方法表示它“按字典顺序比较两个字符串”。这意味着程序使用字符代码来检查哪个字符串在前面。这里的区别是字符代码首先是所有的大写字母，然后是所有的小写字母，因此，“a”在“B”之后，因为 B 的字符代码在 a 之前。

但是如果我们想比较字符串的字母顺序而不是字典顺序呢？Java 提供了另一个可用于比较两个对象的接口：java. util. Comparator 类，其可以使用最常见的用例实现比较器，就像数字可以使用其自然顺序进行比较一样，然后，我们可以创建另一个类 Comparator，该类实现使用其他定制来比较对象算法。

练习 创建一个按字母顺序比较字符串的比较器

在本练习中，您将创建一个 java. util. Comparator<String>类，该类可用于按字母顺序比较字符串。

1. 创建名为 AlphabeticComparator.java 的文件，并添加一个具有相同名称的类来实现，如下所示：

```
java.util.Comparator<String>:
    import java.util.Comparator;
    public class AlphabeticComparator implements Comparator<String> {
    public int compare(String first, String second) {
    }
}
```

2. 在 compareTo 方法中，将两个字符串转换为小写，然后比较他们，如下所示：

```
return first.toLowerCase().compareTo(second.toLowerCase());
```

3. 创建一个名为 UseAlphabeticComparator.java 的新文件，并添加一个同名的类，创建 main 函数，以便可以测试新的比较器，如下所示：

```
public class UseAlphabeticComparator {
    public static void main (String [] args) {
    }
}
```

4. 实例化类并编写一些测试用例，以确保类按预期工作，如下所示：

```
AlphabeticComparator comparator = new AlphabeticComparator();
System.out.println(comparator.compare("A", "B") < 0); // ->true
System.out.println(comparator.compare("B", "A") > 0); // ->true
System.out.println(comparator.compare("a", "B") < 0); // ->true
System.out.println(comparator.compare("b", "A") > 0); // ->true
System.out.println(comparator.compare("a", "b") < 0); // ->true
System.out.println(comparator.compare("b", "a") > 0); // ->true
```

输出如下所示：

```
true
true
true
true
true
true
```

7.6 排　序

当我们有对象集合时,通常需要以某种方式对它们进行排序。能够比较两个对象是所有排序算法的基础,目前有很多排序算法,每种算法都有自己的优缺点。为了简单起见,本书只讨论两种排序:冒泡排序,因为它比较简单;合并排序,因为它的性能稳定。

7.6.1 冒泡排序

最简单的排序算法是冒泡排序,但它也是最容易理解和实现的。比较相邻的元素,如果第一个比第二个大,就交换他们两个。对每一对相邻元素作同样的工作,从开始第一对到结尾的最后一对,最后的元素应该会是最大的数。针对所有的元素重复以上的步骤,除了最后一个,即需要进行 length－1 次。第一次是对 n 个数进行 n－1 次比较,进行到最后第 n 个的一个是最大的;第二次是对 n－1 个数进行 n－2 次比较,进行到最后第 n－1 个的一个是最大的;持续每次对越来越少的元素重复上面的步骤,直到没有任何一对数字需要比较。图 7-8 是如何使用冒泡排序对包含七个元素的数组进行排序的说明。

冒泡排序非常节省空间,因为它不需要任何额外的数组或存储变量的位置。然而,它使用了大量的迭代和比较。在图 7.8 的示例中,总共有 30 次比较和 12 次交换。

7.6.2 合并排序

冒泡排序是可行的,但你可能已经注意到的,它有很多浪费的循环;合并排序的算法是将多个有序数据表合并成一个有序数据表,如果参与合并的只有两个有序表,则成为二路合并。对于一个原始的待排序数列,往往可以通过分割的方法来归结为多路合并排序。合并排序思路是将长度为 n 的待排序数组看做是由 n 个有序长度为 1 的数组组成,将其两两合并,得到长度为 2 的有序数组,然后再对这些子表进行合并,得到长度为 4 的有序数组,重复上述过程,一直到最后的子表长度为 n 也就完成了排序。图 7-9 是合并排序算法的示意图。

与冒泡相比,合并排序的比较次数要少得多,在图 7-9 中只有 13 次;但它需要使用更多的内存空间,因为每个合并步骤都需要一个额外的数组来存储正在合并的数据。

合并排序具有稳定的性能,因为无论数据如何洗牌或排序,它将始终执行相同数量的步骤。与冒泡排序相比,如果数组或集合向后排序,则交换的数量可能会非常高。稳定性对于核心库(如集合框架)非常重要,这就是为什么合并排序是实际程序中选择作为排序实现的算法。

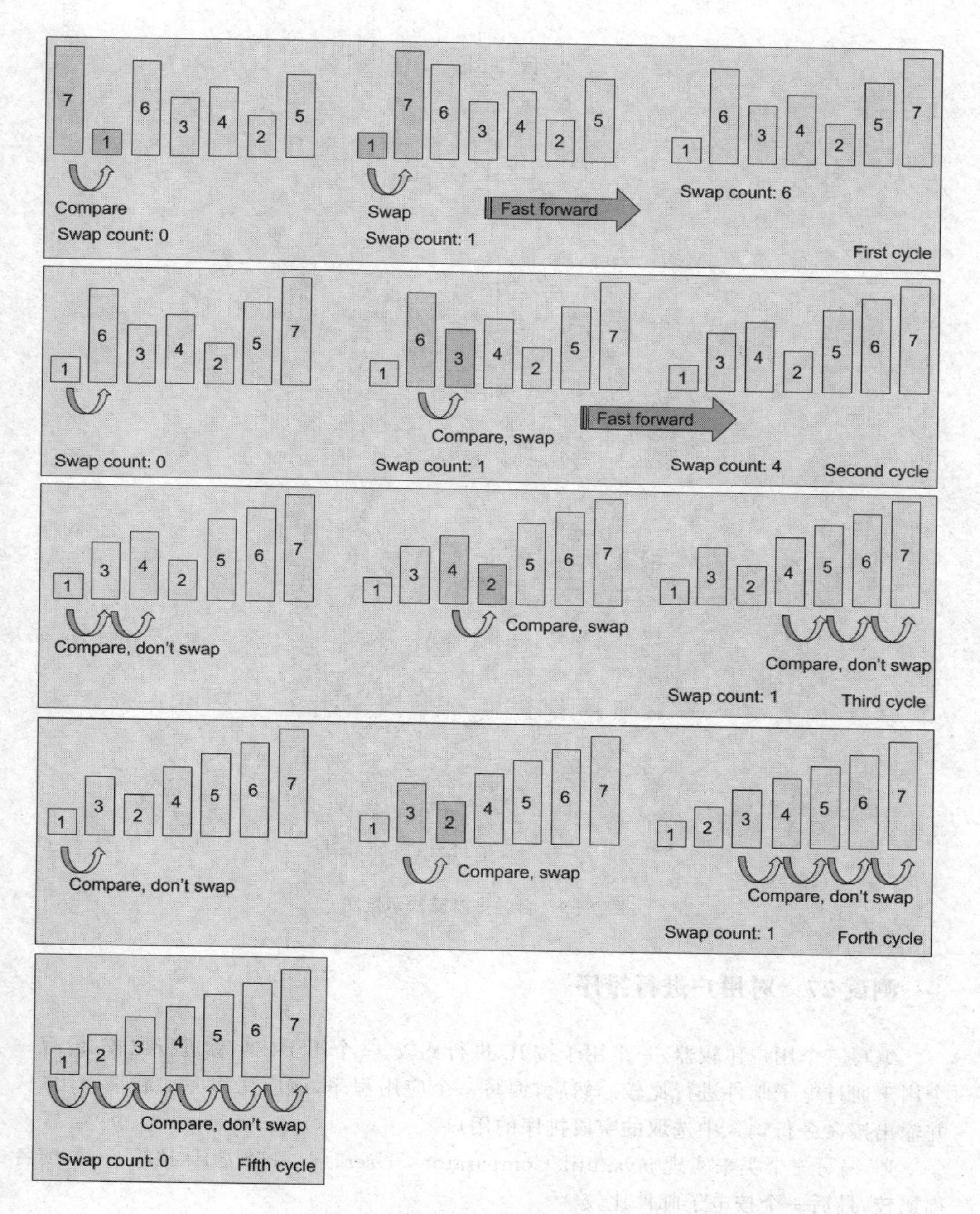

图 7－8 冒泡排序工作原理的图示

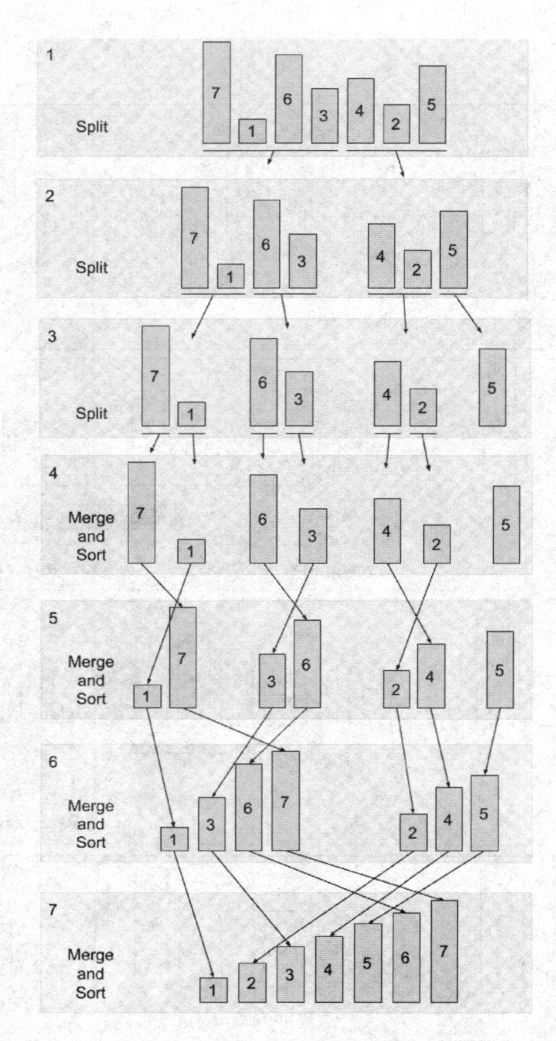

图 7-9　合并排序算法示意图

测试 27　对用户进行排序

编写三个用户比较器：一个用于按 ID 进行比较，一个用于按名称进行比较，最后一个用于通过电子邮件进行比较。然后，编写一个应用程序，该应用程序加载唯一用户，并输出按命令行输入中选取的字段排序的用户。

1. 编写三个类来实现 java.util.Comparator<User>。一个按 ID 比较，一个按名称比较，最后一个按电子邮件比较。

2. 使用返回 Hashtable 实例的方法从 CSV 加载用户。

3. 将 Hashtable 中的值加载到一个向量中，这样就能以一个指定顺序将它们保存在一个可执行的表中。

4. 从命令行读取输入以决定将使用哪个字段进行排序。
5. 使用 java. util. Collections 排序方法。
6. 输出用户。

7.7 数据结构

构建应用程序最基本的部分是处理数据,存储数据的方式受程序需要读取和处理数据方式的影响,数据结构定义了存储数据的方式。不同的数据结构针对不同的用例进行优化,到目前为止,书中提到了两种访问数据的方法:

- 按顺序排列,如数组或向量;
- 键值配对,如哈希表。

7.7.1 列 表

列表表示可以无限增长接口的连续元素集合。列表中的元素可以通过它们的索引来访问,索引是元素放置在列表的位置,但是如果在其他元素之间添加元素,则可以更改索引。

迭代列表时,元素的获取顺序是确定的,并且总是基于它们的索引顺序,就像数组一样。正如我们前面提到的,向量被改造为支持集合框架,它实现了列表接口。

列表包含集合,因此它继承了我们前面提到的所有方法,并添加了一些其他重要的方法,这些方法主要与基于位置的访问相关,如下所示:

- add(int, Element):在指定位置添加元素;
- get(int):返回指定位置的元素;
- indexOf(Object):返回对象的索引,如果不存在的话,则返回-1;
- set(int, Element):替换指定位置的元素;
- subList(int, int):从原始列表创建子列表。

7.7.2 数组列表

与向量一样,数组列表包含了一个数组,并根据需要对其进行缩放,其就像一个动态数组。两者之间的主要区别在于向量完全同步,数组列表不完全同步。这意味着数组列表可以保护您免受并发访问(多线程应用程序);这也意味着,在大多数情况下发生的非并发应用程序中,向量速度较慢,因为添加了锁机制。

如前所述,数组列表和向量可以互换使用。它们的功能是相同的,并且都实现相同的接口。

7.7.3 链 表

链表是列表的另一个实现,它不在底层数组(如数组列表或向量)中存储元素,它将每个值包装在另一个名为节点的对象中。节点是一个内部类,它包含对其他节点(下一个节点和上一个节点)的两个引用以及为该元素存储的值。这种类型的列表称为双链接列表,因为每个节点链接两次,每个方向一次:从上一个链接到下一个节点,从下一个链接到上一个节点。

在内部,链表存储第一个和最后一个节点的引用,因此它只能从开始位置或结束位置遍历列表。链表不适合于随机或基于位置的访问,比如数组、数组列表和向量,但是当快速添加不确定数量的元素时,它是很适用的。

链表还存储一个变量,用于跟踪列表的大小,这样,它就不必每次都遍历列表来检查大小。图 7-10 显示了链表的工作原理。

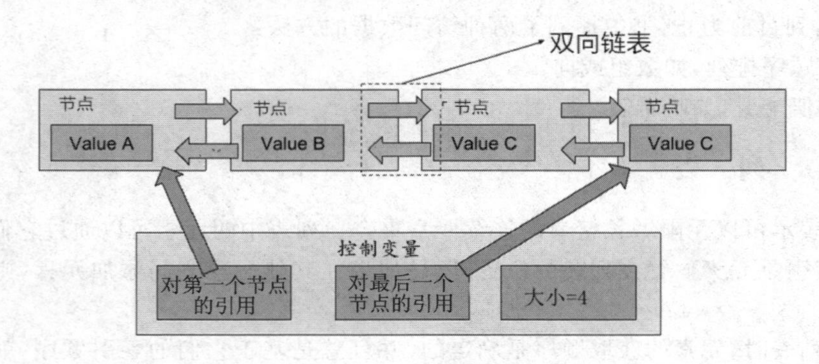

图 7-10　链表的工作原理

7.7.4　映　射

当需要存储与键相关联的元素时,可以使用映射(Map)。正如书中前面所讲到的,Hashtable 是一个强大的机制,用于通过一些键索引对象,并且在添加集合框架之后,Hashtable 被改造为可以实现映射。

映射最基本的特性是它们不能包含重复的键。映射功能强大,因为它们允许程序从三个不同的角度查看数据集:键、值和键值对。在将元素添加到映射之后,可以从这三个方式中的任何一个方式来迭代元素,从而在程序获取数据时,为其提供额外的灵活性。

映射接口中最重要的方法有以下几个:

- clear():从映射中删除所有键和值;
- containsKey(Object):检查映射中是否存在该对象;
- containsValue(Object):检查映射中是否存在该值;
- entrySet():返回一组包含映射中所有键值对的条目;
- get(Object):如果存在该键,则返回与指定键关联的值;
- getOrDefault(Object, Value):返回与指定键关联的值(如果存在),否则返回指定值;

- keySet():包含映射中所有键的集合;
- put(Key, Value):添加或替换键值;
- putIfAbsent(Key, Value):与前面的方法相同,但如果该值已经存在,则不会替换;
- size():映射中键值对的数目;
- values():返回包含此映射中所有值的集合。

7.7.5 哈希图

和哈希表一样,哈希图实现了一个散列表来存储键值对的条目,它们的工作方式完全相同。哈希表也是数组列表,存在于映射接口之前,因此哈希图被创建为哈希表的非同步实现。

正如书中前面提到的,哈希表和哈希图可以非常快地按键查找元素。它们非常适合用作内存缓存,程序可以在其中加载由某个字段键入的数据。

7.7.6 树　图

树图是映射的一个实现,它可以指定比较器查找一个值。顾名思义,树图使用树作为底层存储机制。树是非常特殊的数据结构,用于在插入发生时保持数据的排序,同时以很少的迭代次数获取数据。图7-11显示了树的外观以及获取操作中如何快速找到元素(即使在非常大的树中)。

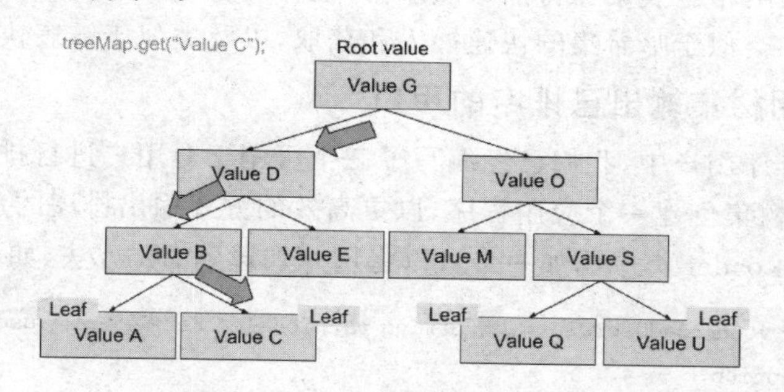

图7-11　遍历树数据结构以获取元素

树有表示分支的节点;一切都从根节点开始,扩展到多个分支;在叶节点的末端,有没有子节点的节点。树图实现了一种称为红黑树的特定类型的树,它是一种二叉树,因此每个节点只能有两个子节点。

7.7.7 链式哈希图

链式哈希图(LinkedHashMap)的内部使用两个数据结构来支持哈希图不支持的一些用例,如哈希表和链表。哈希表用于从映射中快速添加和获取元素,当以任何方式(键、值或键值对)迭代条目时,使用链表。这使它能够以确定的顺序迭代条目,即它们插入的顺序。

7.7.8 集 合

集合是最通用的接口，它是除映射之外所有集合的基础。对于以下所有方法，基础集合声明了最重要的接口：

- add(Element)：向集合添加元素；
- clear()：从集合中删除所有元素；
- contains(Object：检查对象是否在集合中；
- remove(Object)：如果该元素存在，从集合中移除指定的元素；
- size()：返回集合中存储的元素数。

集合的主要特征是它们不包含重复的元素。当您希望收集元素并同时消除重复值时，集合非常有用。集合的一个重要特征是：获取元素的顺序因实现而异。这意味着，如果您想消除重复，必须考虑以后如何阅读它们。

集合框架中的所有设置实现都基于其对应的映射实现，唯一的区别是它们将集合中的值作为映射中的关键点进行处理。

哈希集：哈希集是所有集合中最常见的，它使用哈希图作为底层存储机制，基于哈希图中使用的哈希函数，以随机顺序存储其元素。

树集：当您想存储按自然顺序(可比项)排序的唯一元素或使用比较器排序时，可以使用树集。

哈希链表集：哈希链表集保持插入顺序，并在将重复项添加到集中时删除它们。它具有很多优点，如类似于哈希集的快速插入和获取，以及类似于链表快速迭代等。

练习 使用树集输出已排序的用户

在活动 31 排序用户中，我们已经编写了三个可用于对用户进行排序的比较器。让我们使用它们和树集创建一个应用程序，以更高效的方式输出排序的用户：

1. 向 UsersLoader 类中添加一个可以将用户加载到 Set 方法，如下所示：

```
public static void loadUsersIntoSet(String pathToFile, Set<User> usersSet)
throws IOException {
    FileReader fileReader = new FileReader(pathToFile);
    BufferedReader lineReader = new BufferedReader(fileReader);
    try(CSVReader reader = new CSVReader(lineReader)) {
    String [] row = null;
    while ( (row = reader.readRow()) ! = null) {
        usersSet.add(User.fromValues(row));
        }
    }
}
```

2. 导入 Set 方法，如下所示

```
java.util.Set;
```

3. 创建一个名为 SortUsersTreeSet. java 的新文件，添加一个同名的类，并添加 main 函数，如下所示：

```
public class SortUsersTreeSet {
    public static void main (String [] args) throws IOException {
    }
}
```

4. 从命令行中读取要按哪个字段排序，如下所示：

```
Scanner reader = new Scanner(System.in);
System.out.print("Typea field to sort by: ");
String input = reader.nextLine();
Comparator<User> comparator;
switch(input) {
case "id":
comparator = new ByIdComparator();
break;
case "name":
comparator = new ByNameComparator();
        break;
case "email":
comparator = new ByEmailComparator();
break;
default:
System.out.printf("Sorry, invalid option: %s\n", input);
return;
}
System.out.printf("Sorting by %s\n", input);
```

5. 使用 TreeSet 指定的比较器创建一个用户，将用户加载到的新方法中，然后将加载的用户输出到命令行，如下所示：

```
TreeSet<User> users = new TreeSet<>(comparator);
UsersLoader.loadUsersIntoSet(args[0], users);
for (User user : users) {
    System.out.printf("%d - %s, %s\n", user.id, user.name, user.email);
}
```

以下是第一个案例的输出，如下所示：

```
Type a field to sort by: address
Sorry, invalid option: address
```

这是第二个案例的输出，如下所示：

```
Type a field to sort by: email
```

```
Sorting by email
30 - Jeff Bezos, jeff.bezos@amazon.com
50 - Larry Ellison, lawrence.ellison@oracle.com
20 - Marc Benioff, marc.benioff@salesforce.com
40 - Sundar Pichai, sundar.pichai@google.com
10 - Bill Gates, william.gates@microsoft.com
```

第三个案例的输出,如下所示:

```
Type a field to sort by: id
Sorting by id
10 - Bill Gates, william.gates@microsoft.com
20 - Marc Benioff, marc.benioff@salesforce.com
30 - Jeff Bezos, jeff.bezos@amazon.com
40 - Sundar Pichai, sundar.pichai@google.com
50 - Larry Ellison, lawrence.ellison@oracle.com
```

第四个案例的输出,如下所示:

```
Type a field to sort by: name
Sorting by name
10 - Bill Gates, william.gates@microsoft.com
30 - Jeff Bezos, jeff.bezos@amazon.com
50 - Larry Ellison, lawrence.ellison@oracle.com
20 - Marc Benioff, marc.benioff@salesforce.com
40 - Sundar Pichai, sundar.pichai@google.com
```

7.8 队 列

队列是一种特殊的数据结构,它遵循先进先出(FIFO)模式。这意味着它保持元素的插入顺序,并且可以从第一个插入的元素开始返回元素,同时将元素添加到末尾。这样的话,新数据可以在队列的末尾排队,而要处理的工作则从前面退出队列。图 7-12 为队列的工作原理图。

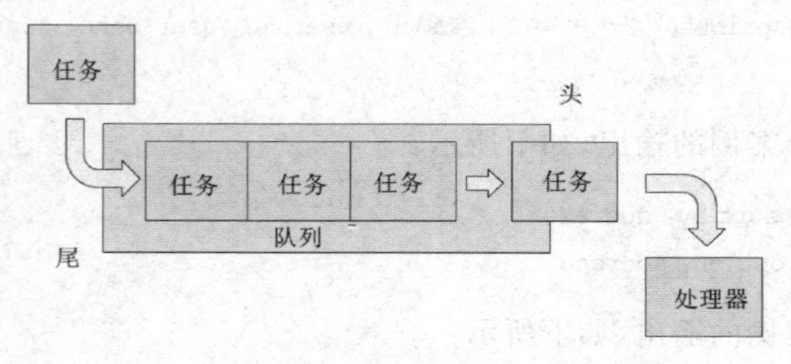

图 7-12 存储待处理工作的队列

在集合框架中，队列由 java. util. Queue 接口表示。要将元素排队，可以使用 add(E) 或 offer(E)。如果队列已满，第一个将报错，而第二个将返回一个布尔值，告诉我们操作是否成功。集令框架还提供了将元素出列或只检查队列前面的内容的方法。remove()将返回并删除前面的元素，或者在队列为空时引发异常；poll()将返回元素并将其删除；如果队列为空，则返回 null；element() 和 peek()的工作方式相同，但只返回元素而不将其从队列中移除，如果队列是空，则返回 null 。

java. util. Deque 是一个接口，它使用额外的方法扩展 java. util. Queue 接口，这些方法允许在队列的两侧添加、删除或查看元素，如下所示：

java.util.LinkedList 实现了 java.util.Queue ，java.util.Deque 和 java.util.List。

java.util.ArrayDeque 实现使用数组作为底层数据存储。数组会自动增长以支持添加到其中的数据。

java.util.PriorityQueue 实现使用堆来保持元素的排序顺序。

顺序可以由元素(如果它实现 java. lang. Comparable)或由传入的比较器给出。堆是一种特殊类型的树，用于保持元素的排序，类似于树集。队列的这种实现非常适合于处理某些元素中需要处理的元素优先级

练习 模拟电子邮件发件人

在本练习中，模拟使用一个处理器向用户发送电子邮件的过程。为此，需编写两个应用程序：一个模拟发送电子邮件，另一个从 CSV 读取并为每个用户调用第一个应用程序。队列的约束条件是一次只能运行一个进程，这意味着，当从 CSV 加载用户时，程序将尽可能地为他们排队并发送电子邮件：

1. 创建一个名为 EmailSender. java 的文件，其中包含一个类和 main 函数。为了模拟发送电子邮件，该类将随机休眠一段时间，如下所示：

```
System.out.printf("Sending email to %s...\n", args[0]);
Thread.sleep(new Random().nextInt(1000));
System.out.printf("Email sent to %s! \n", args[0]);
```

2. 创建另一个名为 SendAllEmails. java 方法，并创建 main 函数，如下所示：

```
public class SendAllEmails {
```

3. 添加名为 runningProcess 的字段。这将表示发送电子邮件的过程为静态进程，如下所示：

```
private static Process runningProcess = null;
```

4. 创建一个方法 static，该方法将尝试通过将队列中的元素出列来启动发送电子邮件的过程，如果该过程是可用的，如下所示：

```
private static void sendEmailWhenR eady(ArrayDeque<String> queue)
throws Exception {
if (runningProcess ! = null && runningProcess.isAlive()) {
```

```
System.out.print(".");
return;
}
System.out.print("\nSending email");
String email = queue.poll();
String classpath = System.getProperty("java.class.path");
String[] command = new String[]{
"java", "-cp", classpath, "EmailSender", email
};
runningProcess = Runtime.getRuntime().exec(command);
}
```

5. 在 main 函数中，创建一个表示要发送到的电子邮件队列的字符串 ArrayDeque，如下所示：

```
ArrayDeque<String> queue = new ArrayDeque<>();
```

6. 从 CSV 中读取每一行，程序可以使用 CSVReader，如下所示：

```
FileReader fileReader = new FileReader(args[0]);
BufferedReader bufferedReader = new BufferedReader(fileReader);
try (CSVReader reader = new CSVReader(bufferedReader)) {
String[] row;
while ( (row = reader.readRow()) != null) {
    User user = User.fromValues(row);
    }
}
```

7. 加载用户后，我们可以将其电子邮件添加到队列中，并尝试立即发送电子邮件，如下所示：

```
queue.offer(user.email);
sendEmailWhenReady(queue);
```

8. 由于从文件读取通常非常快，因此我们将模拟慢速读取，增加休眠时间，如下所示：

```
Thread.sleep(100);
```

9. 在 try-with-resources 块之外，也就是说，在程序从文件中读取完所有用户之后，程序需要确保清空队列。为此，我们可以使用一个循环，该循环在队列不运行时清空队列，如下所示：

```
while (!queue.isEmpty()) {
    sendEmailWhenReady(queue);
    Thread.sleep(100);
}
```

10. 现在，程序只需等待最后一个发送电子邮件的过程完成，休眠时检查并等待，如下所示：

```
while (runningProcess.isAlive()) {
    System.out.print(".");
    Thread.sleep(100);
    }
System.out.println("\nDone sending emails!");
```

第 8 章　高级数据结构

在前面的章节中，我们已经学习了 Java 中的各种数据结构，如列表、集合和映射等；同时，我们还学习了如何在多个数据结构上进行迭代，不同比较对象的方式，以及如何高效地对集合进行排序等。

在本章中，我们将学习 Java 的高级数据结构，如链表和二进制搜索树；随着本章的讲解，我们还将学习枚举，并探索如何有效地使用枚举；在本章的最后，我们将学习 equals()和 hashCode()的使用。

8.1　链　表

链表是一种物理存储单元上非连续、非顺序的存储结构，数据元素的逻辑顺序是通过链表中的指针连接次序实现的。每一个链表都包含多个节点，节点又包含两个部分，一个是数据域（储存节点含有的信息），另一个是引用域（储存下一个节点或者上一个节点的地址）。链表可分为单向链表和双向链表。

一个单向链表包含两个值：当前节点的值和一个指向下一个节点的链接，如图 8－1 所示。

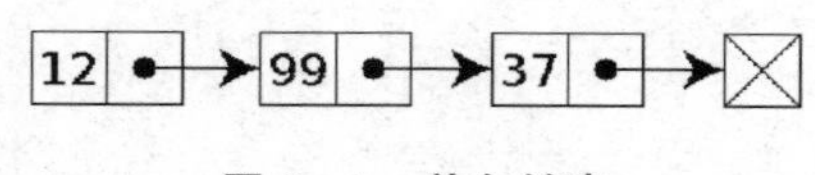

图 8－1　单向链表

一个双向链表有三个部分：数值、向后的节点链接、向前的节点链接，如图 8－2 所示。

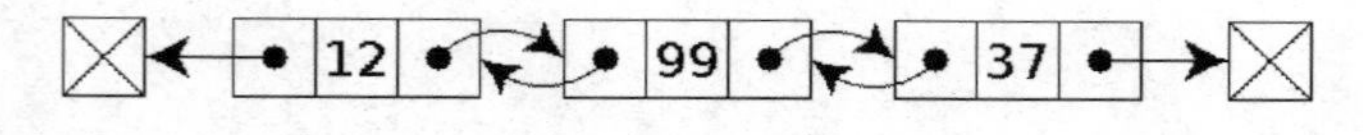

图 8－2　双向链表

8.1.1　链表的优势

链表类似于数组，是一种常用的数据容器。与数组相比，链表的增加和删除操作效率更高，而查找和修改的操作效率较低。

以下情况使用数组：

- 频繁访问列表中的某一个元素；

• 只需要在列表末尾进行添加和删除元素操作。

以下情况使用链表：

• 需要通过循环迭代来访问列表中的某些元素；

• 需要频繁的在列表开头、中间、末尾等位置进行添加和删除元素操作。

动态内存分配是链表的一个流行应用，链表的其他应用还包括数据结构（如堆，栈）、队列、图形、树等的各种实现。

练习 向链表添加元素

让我们创建一个简单的链表，允许我们添加整数，并输出列表中的元素：

1. 创建 SimpleIntLinkedList 类，如下所示：

```
public class SimpleIntLinkedList
{
```

2. 创建另一个表示链表中每个元素的类 Node，每个节点都有它需要保存的数据（一个整数值），它将对下一个 Node 引用，如下所示：

```
static class Node { Integer data;
    Node next; Node(Integer d) {
    data = d;
    next = null;
}
    Node getNext() {
    return next;
}
    void setNext(Node node) {
    next = node;
}
    Object getData() {
    return data;
    }
}
```

3. 实现 add(Object item)方法，以便可以将任何项或对象添加到此列表中。通过传递 Node 项构造新对象，从节点开始，向列表末尾移动，访问每个节点，在最后一个节点中，将下一个节点设置为新创建的节点（newItem）。通过调用 incrementIndex()来跟踪索引，如下所示：

```
//将指定的元素追加到此列表的末尾。
    public void add(Integer element) {
        // 创建新节点
        Node newNode = new Node(element);
        //如果 head 节点为空，则创建一个新节点并将其指定给 head
        //增量索引和返回
```

```
        if (head == null) {
            head = newNode;
            return;
        }

            Node currentNode = head;

            while (currentNode.getNext() ! = null) {
                currentNode = currentNode.getNext();
            }
        // 将新节点设置为当前节点的下一个节点
        currentNode.setNext(newNode);

    }
```

4. 使用 toString()方法来表示对象。从 head 节点开始,迭代所有节点,直到找到最后一个节点。在每次迭代中,存储在每个节点中的整数以字符串的形式表示,形式类似于[Input1,Input2,Input3],如下所示:

```
public String toString() {
    String delim = ",";
    StringBuffer stringBuf = new StringBuffer();
    if (head == null)
        return "LINKED LIST is empty";

    Node currentNode = head;
    while (currentNode ! = null) {
        stringBuf.append(currentNode.getData());
        currentNode = currentNode.getNext();
        if (currentNode ! = null)
            stringBuf.append(delim);
        }
    return stringBuf.toString();
}
```

5. 创建类型为 Node(指向节点)的成员属性。在 SimpleIntLinkedList 方法中,创建一个 main 函数,并将五个整数(13、39、41、93、98)依次添加到其中,输出 SimpleIntLinkedList 中的对象,如下所示:

```
Node head;
public static void main(String[] args) {
    SimpleLinkedList list = new SimpleLinkedList();
    list.add(13);
    list.add(39);
```

```
        list.add(41);
        list.add(93);
        list.add(98);
        System.out.println(list);
    }
}
```

输出如下所示：

```
[13,39,41,93,98]
```

测试 28 用 Java 创建自定义链表

创建一个自定义链表，该链表可以将任何对象放入其中，并显示添加到链表中的所有元素。另外，需要再添加两个方法来获取和删除链表中的值。

1. 创建 SimpleObjLinkedList 类，并创建类型为 Node 的成员属性(指向头节点)。添加类型为 int 的成员属性(指向节点中的当前索引或位置)。

2. 创建一个表示链表中每个元素的类节点。每个节点都有一个需要保存的对象，并且有对下一个的引用节点。该类将具有对 head 节点的引用，并能够通过遍历到下一个节点。因为是第一个元素，所以我们可以通过 next 在节点中移动来遍历下一个元素。

3. 添加 add(Object item)方法，以便可以将任何项或对象添加到此链表中。通过传递项构造新对象。在最后一个节点中，将该节点设置为新创建的节点，增加索引。

4. 实现基于索引从链表中检索项的 get(Integer index)方法。索引不能小于 0，写入逻辑到指定的索引，标识节点，并从节点返回值。

5. 根据索引从列表中移除项的 remove(Integer index)方法，指定索引之前的一个节点并标识该节点。在此节点中，将 next 设置为 getNext()。如果找到并删除了指定元素，则返回真；如果找不到指定元素，则返回假。

6. 实现表示此对象的 toString()方法。从 head 节点开始，迭代所有节点，直到找到最后一个节点。在每次迭代中，存储在每个迭代中的对象以字符串的形式表示节点。

7. 编写 main 函数，并添加 SimpleObjLinkedList，然后依次添加五个字符串(“INPUT - 1”“INPUT - 2”“INPUT - 3”“INPUT - 4”“INPUT - 5”)。输出对象，在 main 函数中，使用从列表中获取的项并输出检索到项的值，同时从列表中删除项并输出列表的值，然后从中删除一个元素列表。

输出如下所示：

```
[INPUT - 1 ,INPUT - 2 ,INPUT - 3 ,INPUT - 4 ,INPUT - 5 ]
INPUT - 3
[INPUT - 1 ,INPUT - 2 ,INPUT - 3 ,INPUT - 5 ]
```

8.1.2 链表的缺点

链表也不是完美无缺的,它也有以下几个缺点。

- 访问元素的唯一方法是从第一个元素开始,然后移动顺序,不可能随机访问元素。
- 搜索速度慢。
- 链表需要额外的内存空间。

8.2 二叉搜索树

在第 7 章中,我们已经简单地了解了树,让我们看看树的一种特殊实现,即二叉搜索树(binary search trees,BSTs),为了理解二叉搜索树,让我们先看看什么是二叉树:树中的每个节点最多有两个子节点的树就是一棵二叉树。

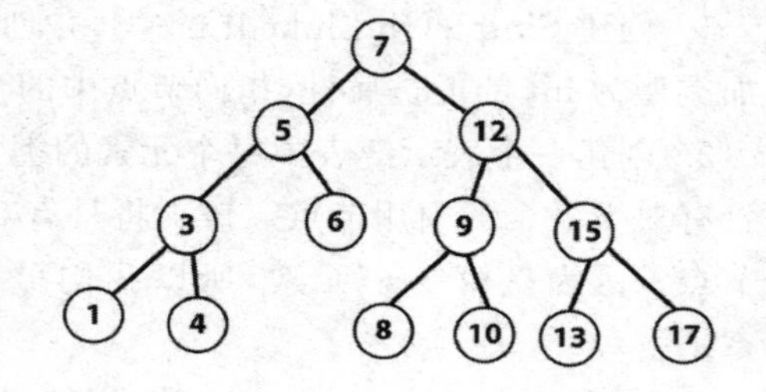

图 8-3 二叉搜索树的表示

二叉搜索树是二叉树的一种特殊实现,其中左边的子节点总是小于或等于父节点,而右边的子节点总是大于或等于父节点,如图 8-3 所示。对该树的元素进行唯一性的搜索,使二叉树的搜索更容易进行。二叉搜索树的主要应用如下所列:

- 编写字典。
- 在数据库中实现多级索引。
- 实现搜索算法。

练习 用 Java 创建二叉搜索树

在这个练习中,我们将创建一个二叉搜索树并实现左遍历和右遍历。

1. 创建一个包含 Node 类的二叉搜索树。Node 类应该有两个元素分别指向它的左边和右边。

```
//包含整个二叉树结构函数的公共类
public class BinarySearchTree
{
    private Node parent;
    private int data;
    private int size = 0;
    public BinarySearchTree() {
        parent = new Node(data);
    }
```

```
private class Node {
    Node left; //指向左节点
    Node right; //指向右节点
    int data;

    //节点的构造函数
    public Node(int data) {
        this.data = data;
    }
}
```

2. 创建一个函数 add(int data),它将检查父节点是否为空。如果该值为空,则会将该值添加到父节点;如果父节点有数据,我们需要创建一个新节点 Node(data)并找到正确的节点(根据 BST 规则)来赋值。

为了帮助程序找到正确的节点,创建一个 add(Node root, Node newNode)方法,使用递归逻辑来深入查找这个新节点应该到达的实际节点归属。

根据 BST 规则,如果根数据大于 newNode 数据,则必须将其添加到左侧节点。同样,递归 newNode 检查它是否有子节点,并且将 BST 规则应用到它的叶节点以添加值。如果根数据小于 newNode 数据,则必须添加到正确的节点。同样,递归 newNode 检查它是否有子节点,并且 BST 的相同逻辑将应用,直到它到达叶节点以添加值,如下所示:

```
public void add(int data) {
    if (size == 0) {
        parent.data = data;
        size++;
    } else {
        add(parent, new Node(data));
    }
}
private void add(Node root, Node newNode) {
    if (root == null) {
        return;
    }
    if (newNode.data < root.data) {
        if (root.left == null) {
            root.left = newNode;
            size++;
        }else {
            add(root.left, newNode);
        }
    }
```

```
        if ((newNode.data > root.data)) {
            if (root.right == null) {
                root.right = newNode;
                size++;
            } else {
            add(root.right, newNode);
            }
        }
    }
```

3. 创建一个 traverseLeft()函数，遍历根的左侧，并输出 BST 的所有值，如下所示：

```
    public void traverseLeft() {
    Node current = parent;
    System.out.print("Traverse the BST From Left : ");
        while (current.left != null && current.right != null) {
            System.out.print(current.data + "->[" + current.left.data + "" + current.
right.data + "] ");
            current = current.left;
        }
        System.out.println("Done");
    }
```

4. 创建一个 traverseRight()函数，遍历根的右侧，并输出 BST 的所有值节点，如下所示：

```
    public void traverseRight() {
    Node current = parent;
    System.out.print("Traverse the BST From Right");
        while (current.left != null && current.right != null) {
            System.out.print(current.data + "->[" + current.left.data + "" + current.
right.data + "] ");
            current = current.right;
        }
        System.out.println("Done");
    }
```

5. 创建一个示例程序来测试 BST 的功能，如下所示：

```
    public static void main(String args[]) {
        BinarySearchTree bst = new BinarySearchTree();
        // 向 BST BST 添加节点
        bst.add(32);
        bst.add(50);
```

```
        bst.add(93);
        bst.add(3);
        bst.add(40);
        bst.add(17);
        bst.add(30);
        bst.add(38);
        bst.add(25);
        bst.add(78);
        bst.add(10);
        bst.traverseLeft();
        bst.traverseRight();
        }
    }
```

输出如下所示：

```
Traverse the BST From Left : 32 ->[3 50] Done
Traverse the BST FromRight32 ->[3 50] 50 ->[40 93] Done
```

测试 29　实现 BinarySearchTree 类中的方法，在 BST 中找到最大值和最小值

1. 创建一个 getLow()方法，该方法使用一个循环来迭代检查父节点是否有任何左子节点，并将左 BST 中没有左子节点的节点返回为最低值。

2. 创建一个 getHigh()方法，该方法实现一个循环来迭代检查父节点是否有任何正确的右子节点，并将 BST 中没有右子节点的节点返回为最高值。

3. 在 main 函数中，使用前面实现的方法将元素添加到二叉搜索树中，并调用 getLow()和 getHigh()来标识最大和最小值。

输出如下所示：

```
Lowest value in BST :3
Highest value in BST :93
```

8.3　枚　举

Java 中的枚举是 Java 中的一种特殊类型，其字段由常量组成。它用于保证 Java 程序强制编译时的安全性。Java 枚举类使用 enum 关键字来定义，各个常量使用逗号来分割。

例如，检查一周中的第几天，因为它们是一组固定常量，所以我们可以定义一个枚举，如下所示：

```
public enum DayofWeek {
```

```
    SUNDAY, MONDAY, TUESDAY, WEDNESDAY, THURSDAY, FRIDAY, SATURDAY
}
```

我们可以简单地检查存储一天的变量是否是枚举声明的一部分，我们还可以为非通用常量声明枚举，例如：

```
public enum Jobs {
    DEVELOPER, TESTER, TEAM LEAD, PROJECT MANAGER
}
```

这将强制作业类型成为枚举中声明的常量，下面是一个包含枚举的示例：

```
public enum Currency {
    USD, INR, DIRHAM, DINAR, RIYAL, ASD
}
```

练习　使用枚举存储方向数据

我们将创建一个枚举来查找值，并比较枚举。

1. 在 main 函数中创建一个 EnumExample 类，使用以下值获取并输出枚举字符串：

```
public class EnumExample
{
    public static void main(String[] args)
    {
        Direction north = Direction.NORTH;
        System.out.println(north + " : " + north.no);
        Direction south = Direction.valueOf("SOUTH");
        System.out.println(south + " : " + south.no);
    }
}
```

2. 使用表示方向的整数值创建一个包含方向的枚举，如下所示：

```
public enum Direction
{
    EAST(45), WEST(90), NORTH(180), SOUTH(360);
    int no;
Direction(int i){
        no = i;
    }
}
```

输出如下所示：

```
NORTH : 180
SOUTH : 360
```

测试30　使用枚举来保存学校院系的详细信息

建立一个完整的枚举来保存大学各系及其数量。

1. 使用关键字 enum 创建枚举 DeptEnum，添加两个私有属性（字符串 deptName 和整数 deptNo），保存要保留在枚举中的值。

2. 重写构造函数以获取首字母缩略词，并将其放入成员变量中。

3. 为 deptName 和 deptNo 添加 getter 方法。

4. 编写 main 函数和示例程序来演示枚举的用法。

结果输出如下所示：

```
BACHELOR OF ENGINEERING : 1
BACHELOR OF ENGINEERING : 1
BACHELOR OF COMMERCE : 2
BACHELOR OF SCIENCE : 3
BACHELOR OF ARCHITECTURE : 4
BACHELOR : 0
true
```

测试31　编写一个可以接收值的应用程序，实现反向查找

1. 创建一个枚举 App，声明常量 BE、BCOM、BSC 和 BARC，以及它们的完整形式和部门数字。

2. 同时声明两个变量 accronym 和 deptNo。

3. 创建一个参数化构造函数，并分配变量 accronym 和 deptNo 的值作为参数传递。

4. 声明返回变量 accronym 的 getAccronym() 方法和返回变量 deptNo 的 getDeptNo() 方法。

5. 实现反向查找，输入课程名称，在枚举 App 中寻找目标。

6. 创建 main 函数，并运行程序。

结果输出如下所示：

```
BACHELOR OF SCIENCE : 3
BSC
```

8.4　hashCode()和 equals()

hashCode()和 equals()均定义在 Object 类中，这个类是所有 Java 类的基类，所有的 Java 类都继承这两个方法。hashCode()方法被用来获取给定对象的唯一整数，这个整数被用来确定对象被存储在 HashTable 类似结构中的位置，Object 类的 hashCode

()方法默认返回这个对象存储的内存地址的编号；equals() 方法用于将字符串与指定的对象比较，String 类中重写了 equals() 方法用于比较两个字符串的内容是否相等。

1. hashCode()和 equals()方法的使用基本规则

- 只有当使用 hashCode()返回值时，两个对象才能相同。如果方法相同，则 equal()方法返回真值。
- 如果两个对象返回相同的 hashCode()值，则不一定意味着两个对象都相同(因为哈希值也可能与其他对象发生冲突)，在这种情况下，有必要通过调用 equals()验证是否真的相同。

2. 向集合添加对象

当我们将一个对象添加到一个集合中时，会发生许多事情，但我们将只关注与我们的研究主题相关的内容：

- 该方法首先调用该对象上的 hashCode()方法并获取 hashCode 值，然后将其与其他对象的 hashCode()方法得到的 hashCode 值进行比较，并检查是否有任何对象与该对象匹配。
- 如果集合中没有任何对象与添加的对象匹配，则可以 100%确信没有其他对象具有相同的标识，新添加的对象将安全地添加到集合中(无需检查)。
- 如果任何对象的 hashCode 值与添加的对象的 hashCode 值匹配，则意味着它可能是添加的相同对象(两个不同对象可能相同)。为了确认这种情况，将使用 equals()方法来查看对象是否真的相等，如果相等，则不会拒绝新添加的对象，否则将拒绝新添加的对象。

练习　理解 equals()和 hashCode()的行为

让我们创建一个新的类，并在实现 set 之前遍历 equals() 和 hashCode()。

1. 创建一个具有三个属性的学生类：Name (String)，Age (int)和 Year of passing (int)。同时为他们创建 getter 和 setter 方法，如下所示：

```
import java.util.HashSet;
class Student {
    private String name;
    private Integer age;
    private Integer yearOfPassing;
    public String getName() {
        return name;
    }
    public void setName(String name) {
        this.name = name;
    }
    public int getAge() {
        return age;
```

```
    }
    public void setAge(int age) {
        this.age = age;
    }
    public int getYearOfPassing() {
        return yearOfPassing;
    }
    public void setYearOfPassing(int releaseYr) {
        this.yearOfPassing = releaseYr;
    }
}
```

2. 编写一个 HashCodeExample 类来演示 set 的行为。在 main 方函数中，创建具有不同名称和其他详细信息的三个对象(Raymonds、Allen 和 Maggy)，如下所示：

```
public class HashCodeExample {
    public static void main(String[] args) {
        Student m = new Student();
        m.setName("RAYMONDS");
        m.setAge(20);
        m.setYearOfPassing(2011);

        Student m1 = new Student();
        m1.setName("ALLEN");
        m1.setAge(19);
        m1.setYearOfPassing(2010);

        Student m2 = new Student();
        m2.setName("MAGGY");
        m2.setAge(18);
        m2.setYearOfPassing(2012);
    }
}
```

3. 创建一个 HashSet 以容纳这些对象，将三个对象依次添加到 HashSet，然后输出他们的值，如下所示：

```
HashSet<Student> set = new HashSet<Student>();
    set.add(m);
    set.add(m1);
    set.add(m2);
    //输出设置的所有元素
System.out.println("Before Adding ALLEN for second time : ");
    for (Student mm : set) {
        System.out.println(mm.getName() + " " + mm.getAge());
```

```
}
```

4. 在 main 函数中，创建另一个类似于已经创建的三个对象的对象(例如创建一个student)，将这个新创建的对象添加到已经有三个学生的 HashSet，然后，输出 HashSet 中的值，如下所示：

```
Student m3 = new Student();
m3.setName("ALLEN");
m3.setAge(19);
m3.setYearOfPassing(2010);
set.add(m3);
System.out.println("After Adding ALLEN for second time: ");
for (Student mm : set) {
    System.out.println(mm.getName() + " " + mm.getAge());
}
```

输出如下所示：

```
Before Adding ALLEN for second time :
RAYMONDS 20
MAGGY 18
ALLEN 19

After Adding ALLEN for second time:
RAYMONDS 20
ALLEN 19
MAGGY 18
ALLEN 19
```

Allen 确实已经被添加到集合中两次(这意味着集合中还没有处理重复项)，这需要在 Student 类中处理。

练习　重写 equals()和 hashCode()

重写 equals() 和 hashCode()并查看 Set 的行为会怎样改变。

1. 在 Students 类中，通过检查对象的每个属性来重写 equals()方法(name，age 和 yearOfPassing 对于验证标识具有同等重要的意义)，equals()方法将作为参数。为了重写该方法，我们需要提供逻辑来比较属性和参数。这里的等式逻辑是，两个学生被称为相同的条件是：当且仅当他们的 name、age 和 yearOfPassing 均是相同，如下所示：

```
public boolean equals(Object o) {
    Student m = (Student) o;
    return m.name.equals(this.name) &&
        m.age.equals(this.age) &&
        m.yearOfPassing.equals(this.yearOfPassing);
}
```

2. 在 Student 类中，重写 hashCode()方法。基本要求是它应该为相同的对象返回相同的整数。一种简单的实现方法是获取对象中的每个 hashCode 属性，并对其进行比较。如果 hashCode 不同，那么将返回不同的值，如下所示：

```
public int hashCode() {
    return this.name.hashCode() +
        this.age.hashCode() +
        this.yearOfPassing.hashCode();
}
```

3. 让我们运行 main 函数来演示 HashCodeExample 和学生中集合的行为，如下所示：

```
public class HashCodeExample {
    public static void main(String[] args) {
        Student m = new Student();
        m.setName("RAYMONDS");
        m.setAge(20);
        m.setYearOfPassing(2011);

        Student m1 = new Student();
        m1.setName("ALLEN");
        m1.setAge(19);
        m1.setYearOfPassing(2010);
        Student m2 = new Student();
        m2.setName("MAGGY");
        m2.setAge(18);
        m2.setYearOfPassing(2012);

        Set<Student> set = new HashSet<Student>();
        set.add(m);
        set.add(m1);
        set.add(m2);

        //输出所有元素
System.out.println("Before Adding ALLEN for second time : ");
        for (Student mm : set) {
                System.out.println(mm.getName() + " " + mm.getAge());
        }
        //创建一个类似 m1 的学生
        Student m3 = new Student();
        m3.setName("ALLEN");
        m3.setAge(19);
        m3.setYearOfPassing(2010);
```

```
        //如果实现了 hashCode 和 equals 方法,则不会添加其他的元素
        set.add(m3);
        System.out.println("After Adding ALLEN for second time: ");
        for (Student mm : set) {
                System.out.println(mm.getName() + " " + mm.getAge());
        }

    }
}
```

输出如下所示：

```
Before Adding ALLEN for second time:
ALLEN 19
RAYMONDS 20
MAGGY 18

After Adding ALLEN for second time:
ALLEN 19
RAYMONDS 20
MAGGY 18
```

在添加了 hashCode() 和 equals()之后,HashSet 有了识别和删除的重复变量项。如果不重写 equals() 和 hashCode(),则 JVM 会在内存中创建每个对象时,为其分配一个唯一的哈希代码值,如果开发人员不重写 hashcode 方法,则不能保证两个对象返回相同的哈希值。

第9章 异常处理

9.1 异常概述

程序运行时，总会出现错误或者异常。因此，Java 从 C＋＋继承了以面向对象方式处理异常的机制，用对象的方式来表示一个或一类异常，从而使开发人员写出具有容错性的、健壮的代码。

Java 异常体系结构如图 9－1 所示。在 Java 中，任何异常都是 Throwable 类或其子类对象；Throwable类有两个子类，分别是错误（Error）和异常（Exception）。Error 是系统错误类，是程序运行时 Java 内部的错误，一般由硬件或操作系统引起，开发人员一般无法处理，这类问题发生时，只能关闭程序。Exception 是异常类，该类及其子类对象表示的错误一般是由算法考虑不周或编码时疏忽所致，需要开发人员处理，但不会关闭程序。

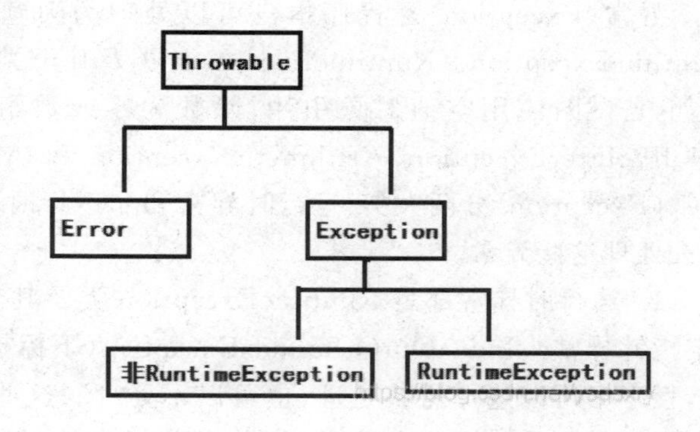

图 9－1 Java 异常体系结构

Java 中的异常（Exception）又可被分为两大类：Runtime 异常和非 Runtime 异常，其中非 Runtime 异常也被称作 Checked 异常。

Runtime 异常是 Java 程序运行时产生的异常，运行时异常不需要开发人员手动去处理，JVM 会帮我们处理这类异常。典型的 Runtime 异常有：数组下标越界异常（IndexOutOfBoundsException）、空指针异常（NullPointerException）、对象类型强制转换异常（ClassCastException）以及数组存储异常（ArrayStoreException，即数组存储类型不一致）等，编译时对这类异常不做检查。

非 Runtime 异常也称 Checked 异常，Checked 异常必须由开发人员手动捕获，然后处理或者抛出该异常，因为 Java 认为 Cheked 异常都是可以修复的异常，例如 IOException、SqlException 等。程序在编译时，编译器会对这类异常进行检查，看看有没有对这类异常进行处理，如果没有处理，编译则无法通过。

9.2 错误与异常

错误(Error)是程序自身无法处理的问题,表示运行应用程序中较严重的问题。大多数错误与代码编写者执行的操作无关,而是表示代码运行时,JVM(Java 虚拟机)出现的问题。例如,Java 虚拟机运行错误(Virtual MachineError),当 JVM 不再有继续执行操作所需的内存资源时,将出现 OutOfMemoryError。这些错误发生时,Java 虚拟机(JVM)一般会选择线程终止。这些错误表示故障发生于虚拟机自身或者发生在虚拟机试图执行应用时,如 Java 虚拟机运行错误(Virtual MachineError)、类定义错误(NoClassDefFoundError)等。这些错误是不可查的,因为它们在应用程序的控制和处理能力之外,而且绝大多数是程序运行时不允许出现的状况。在 Java 中,错误通过 Error 子类描述。

异常(Exception)是程序本身可以处理的问题,Exception 类有一个重要的子类 RuntimeException。RuntimeException 类及其子类表示 JVM 常用操作引发的错误。例如,若试图使用空值对象引用、除数为零或数组越界,则分别会引发运行时异常(NullPointerException、ArithmeticException 和 ArrayIndexOutOfBoundException)。异常(Exception)分两大类:运行时异常和非运行时异常(编译异常),程序中应当尽可能去处理这些异常。

1. 运行时异常都是 RuntimeException 类及其子类异常,如 NullPointerException(空指针异常)、IndexOutOfBoundsException(下标越界异常)等,这些异常是不检查异常,程序中可以选择捕获处理,也可以不处理。这些异常一般是由程序逻辑错误引起的,程序应该从逻辑角度尽可能避免这类异常的发生。异常的特点是 Java 编译器运行时不会检查它,也就是说,当程序中可能出现这类异常,即使没有用 try - catch 语句捕获它,也没有用 throws 语句声明抛出它,程序也会编译通过。

2. 非运行时异常(编译异常):是 RuntimeException 以外的异常,类型上都属于 Exception 类及其子类。从程序语法角度讲是必须进行处理的异常,如果不处理,程序则不能编译通过。如 IOException、SQLException 等,以及用户自定义的 Exception 异常,但是一般情况下不自定义检查异常。

用一段 C 语言代码示例比较一下错误与异常的优缺点。

```
int other_idea()
{
    int err = minor_func1();
    if (! err)
        err = minor_func2();
    if (! err)
        err = minor_func3();
    return err;
```

```
}
```

这里使用的处理错误的方法有许多缺点，在这段代码中，程序要完成的工作就是调用三个函数，但是，对于每个函数的调用，程序都是通过传递值来跟踪错误状态的，如果出现错误，则为每个函数调用使用 if 语句；此外，函数的返回值是不会返回所选值的错误状态。所有这些额外的工作破坏了原始代码的逻辑性，使其难以理解和维护。

这种处理错误的方法的另一个局限性是单个整数值可能无法充分表示误差。我们可能需要更详细地了解错误、错误何时发生等，而异常处理带来了许多好处，请考虑以下 Java 代码：

```
int otherIdea() {
    try {
        minorFunc1();
        minorFunc2();
        minorFunc3();
    } catch (IOException e) {
    } catch (NullPointerException e) {
    }
}
```

这里，程序有三个函数被调用，没有任何一个函数调用的代码与异常处理的代码交叉。函数调用被放在一个 try - catch 模块中，错误处理与模块中的原始代码分开进行。这种方法有以下几个优点：

- 我们不必为每个函数调用都写一个 if 语句，程序在一个地方对异常处理进行分组。由哪个函数引发的异常并不重要，程序可在一个单独的函数中捕获所有异常地点。
- 在一个功能中，不只会出现一种异常。每个函数都可以引发一种以上的异常，这些异常可以在单独的 catch 块中处理，而不是每个函数都需要多个 if 语句。
- 异常由对象表示，而不是单个整数值。虽然整数可以告诉我们它是哪种类型的异常，但对象可以告诉我们更多信息，例如：异常时的调用堆栈、相关资源、用户可读的关于问题的解释等，这些信息都可以与异常对象一起提供。与单个整数值相比，这使得更容易对异常采取适当的操作。

测试 32　处理数字输入中的错误

现在，我们将在实际场景中使用异常处理。我们将创建一个应用程序，在这个应用程序中，程序向用户请求三个整数，然后将它们相加，输出结果。如果用户没有输入非数字文本或小数，程序将要求用户提供一个整数。如果第三个数字出现错误，则只需重新输入第三个数字，程序将分别对每个数字执行此操作。

1. 从一个空的 Java 控制台项目开始。从键盘读取输入并在用户按 Enter 键后将其输出。

2. 将此作为起点，并使用函数 Integer. parseInt()。

3. 与前面的例子不同，IDE 没有警告我们可能发生的异常。现在，要意识到 Integer. parseInt()可能会产生 ava. lang. NumberFormatException。使用我们之前学到的知识，用一个 try - catch 模块来包装代码，以避免产生 NumberFormatException。

4. 现在把主函数放到一个循环里。当程序没有来自用户的有效整数输入时，它应该循环。一旦程序有了有效的输入，循环停止。如果用户没有输入有效的整数，输出适当的消息给用户。

5. 使用这个策略，得到三个整数，并将它们相加。如果用户没有为任何输入提供有效的整数，程序应该一次又一次地询问，并将结果输出到控制台。

9.3 Java 集成环境(IDE)处理异常

大多数新手 Java 开发人员在从库中调用方法时都会遇到异常，同时，如果去调用一个别人写的方法时，也有可能遇到异常。针对这种情况，Java 集成环境(IDE)可以生成处理异常的代码，帮助程序员处理一些异常，但是，默认生成的代码通常不是最好的。在本节中，将指导您如何最好地使用 IDE 生成异常处理的代码。例如，您编写了以下代码来打开和读取文件：

```
import java.io.File;
import java.io.FileInputStream;

public class Main {
    public static void main(String[] args) {
        File file = new File("./tmp.txt");
        FileInputStream inputStream = new FileInputStream(file);
    }
}
```

目前，这段代码是无法编译的，这是因为构造函数 FileInputStream 中存在异常，在这一点上，IDE 通常会提供一些处理异常的帮助。例如，当您将插入符号移到异常处，并在 IntelliJ 中按"Alt＋Enter"时，您将看到两个快速修复选项：Add exception to method signature 和 Surround with try/catch。这是 IDE 对应于处理指定异常时的两个选项。

练习　使用 IDE 生成异常处理代码

在本练习中，我们将了解如何使用 IDE 生成异常处理代码：

1. 在 IntelliJ 中创建新的项目。导入 File 和 FileInputStream，如下所示：

```
import java.io.File;
import java.io.FileInputStream;
```

2. 创建一个名为 Main 的类，并添加 main()方法，如下所示：

```
public class Main {
public static void main(String[] args) {
```

3. 按如下方式打开文件：

```
File file = new File("input.txt");
FileInputStream fileInputStream = new FileInputStream(file);
```

4. 按如下方式读取文件：

```
int data = 0; while(data ! = -1) {
data = fileInputStream.read();
System.out.println(data);
    }
    fileInputStream.close();
    }
}
```

5. 转到第一个问题(FileInputStream)，按“Alt+Enter”，选择“Addexception to method signature”，这时，代码如下所示：

```
import java.io.File;
import java.io.FileInputStream;
import java.io.FileNotFoundException;
public class Main {
    public static void main(String[] args) throws FileNotFoundException {
        File file = new File("input.txt");
        FileInputStream fileInputStream = new FileInputStream(file);
        int data = 0;
        while(data ! = -1) {
            data = fileInputStream.read();
            System.out.println(data);
        }
        fileInputStream.close();
    }
}
```

这里指定 main 函数可以抛出 FileNotFoundException，现在转到另一个问题(read)，按“Alt+Enter”，再次选择“addexceptiontomethodsignature”，这时，代码如下所示：

```
import java.io.File;
import java.io.FileInputStream;
import java.io.FileNotFoundException;
import java.io.IOException;
```

```
public class Main {
    public static void main(String[] args) throws IOException {
    File file = new File("input.txt");
    FileInputStream fileInputStream = new FileInputStream(file);
        int data = 0;
        while(data != -1) {
            data = fileInputStream.read();
            System.out.println(data);
        }

    fileInputStream.close();
    }
}
```

运行代码，输出如下所示：

```
Exception in thread "main" java.io.FileNotFoundException: input.txt (The system cannot find the file specified)
    at java.io.FileInputStream.open0(Native Method)
    at java.io.FileInputStream.open(FileInputStream.java:195)
    at java.io.FileInputStream.<init>(FileInputStream.java:138)
    at Main.main(Main.java:9)
```

从程序可以看出，首先，read 和 close 都有相同的 IOException 异常，该异常在主函数声明的 throws 语句中；其次，异常类位于层次结构中，并且 IOException 是 FileNotFoundException 的父类。既然每一个 FileNotFoundException 也是一个 IOException，指定 IOException 就意味着每一个 FileNot Found Exception 被指定。如果这两个类不以这种方式关联，IntelliJ 将以逗号分隔的形式列出可能引发的异常列表。

6. 为程序提供 input.txt。我们可以在硬盘的任何位置上创建 input.txt，并在代码中提供完整路径；但是，我们也可以使用 IntelliJ 在主项目 src 文件夹中运行程序，右键单击项目文件夹 src，并单击 Show in Explorer；现在应该可以看到包含该文件夹的 src 文件夹的内容，这是项目文件夹的根目录。

7. 识别异常是使程序正常工作的一种方法。另一种方法是捕获异常，捕获异常的代码如下所示：

```
import java.io.File;
import java.io.FileInputStream;
public class Main {
    public static void main(String[] args) {
        File file = new File("input.txt");
        FileInputStream fileInputStream = new FileInputStream(file);
        int data = 0;
```

```
        while(data != -1) {
            data = fileInputStream.read();
            System.out.println(data);
        }
        fileInputStream.close();
    }
}
```

8. 现在将插入符号移到 FileInputStream，按“Alt＋Enter”，然后选择“Surround with try/catch”，代码如下所示：

```
import java.io.File;
import java.io.FileInputStream;
import java.io.FileNotFoundException;
public class Main {
    public static void main(String[] args) {
        File file = new File("input.txt");
        FileInputStream fileInputStream = null;
        try {
            fileInputStream = new FileInputStream(file);
        } catch (FileNotFoundException e) {
            e.printStackTrace();
        }
        int data = 0;
        while(data != -1) {
            data = fileInputStream.read();
            System.out.println(data);
        }
        fileInputStream.close();
    }
}
```

注意：这里不是简单地用 try - catch 模块包装代码，而是将引用创建变量与异常生成构造函数调用分开。这是一种常见的模式，您可以在 try - catch 模块之前声明变量，处理其创建过程中的任何问题，并在以后使用该声明变量。

9. 当前代码有一个问题，如果 try - catch 模块内部 FileInputStream 失败，则 FileInputStream 将继续为 null；在 try - catch 模块之后，它将被取消引用，您将得到一个变量为空引起的异常。针对这个问题，有两种方法可以解决该问题：一是将对象的所有用法都放在 try - catch 模块中，二是检查引用是否为 null。

方法一如下所示：

```
import java.io.File;
import java.io.FileInputStream;
import java.io.FileNotFoundException;
```

```
public class Main {
    public static void main(String[] args) {
        File file = new File("input.txt");
        FileInputStream fileInputStream = null;
        try {
            fileInputStream = new FileInputStream(file);
        int data = 0;
        while(data != -1) {
            data = fileInputStream.read();
            System.out.println(data);
        }
        fileInputStream.close();
    } catch (FileNotFoundException e) {
        e.printStackTrace();
        }
    }
}
```

将代码移到 try - catch 模块中，以确保在变量为 null 时不会取消引用 fileInputStream。但是，在 read() 和 close()下面仍然异常。在 read()使用“Alt＋Enter”会提供两个选项，第一个选项是添加 catch 语句，如下所示：

```
import java.io.File;
import java.io.FileInputStream;
import java.io.FileNotFoundException;
import java.io.IOException;
public class Main {
    public static void main(String[] args) {
        File file = new File("input.txt");
        FileInputStream fileInputStream = null;
        try {
            fileInputStream = new FileInputStream(file);
            int data = 0;
            while(data != -1) {
                data = fileInputStream.read();
                System.out.println(data);
            }
            fileInputStream.close();
        } catch (FileNotFoundException e) {
            e.printStackTrace();
        } catch (IOException e) {
            e.printStackTrace();
        }
    }
```

```
}
```

现在我们已经修复了代码中的所有问题，程序可以实际运行了。

注意：第二个 catch 语句放在第一个 catch 语句之后，因为 IOException 是 FileNotFoundException 的父类，如果它们的顺序是相反的，则 catch 语句实际上会捕获 FileNotFoundException 的异常。

第二个方法是不将所有代码都放在第一个 try 语句中，如下所示：

```
import java.io.File;
import java.io.FileInputStream;
import java.io.FileNotFoundException;
public class Main {
    public static void main(String[] args) {
        File file = new File("input.txt");
        FileInputStream fileInputStream = null;
        try {
            fileInputStream = new FileInputStream(file);
        } catch (FileNotFoundException e) {
            e.printStackTrace();
        }
        if (fileInputStream ! = null) {
            int data = 0;
            while(data ! = -1) {
                data = fileInputStream.read();
                System.out.println(data);
            }
            fileInputStream.close();
        }
    }
}
```

如果 fileInputStream 不为 null，则运行代码的第二部分。这样，如果创建 fileInputStream 不成功，程序将阻止第二部分运行。文件输入流不能将所有内容放在同一个 try 语句中，在以后的代码中，您必须依赖于 try 语句的成功运行来保证整个程序的成功运行，像这样一个简单的空检查是很有用的。

10. 不过，我们的代码仍然存在问题。在 read() 和 close()上按"Alt + Enter"，然后选择"Surround with try/catch"，代码如下所示：

```
import java.io.File;
import java.io.FileInputStream;
import java.io.FileNotFoundException;
import java.io.IOException;
public class Main {
```

```
        public static void main(String[] args) {
            File file = new File("input.txt");
            FileInputStream fileInputStream = null;
        try {
                fileInputStream = new FileInputStream(file);
            } catch (FileNotFoundException e) {
                e.printStackTrace();
            }
            if (fileInputStream != null) {
                int data = 0;
                while(data != -1) {
                    try {
                        data = fileInputStream.read();
                    } catch (IOException e) {
                        e.printStackTrace();
                    }
                    System.out.println(data);
                }
                try {
                    fileInputStream.close();
                } catch (IOException e) {
                    e.printStackTrace();
                }
            }
        }
    }
```

使用这样的代码不是一个好的方法，虽然“Alt＋Enter”的快速修复通常对我们很有用，但在本例中，这个方法导致了代码逻辑更加复杂，这意味着整个程序有可能失败。

11. 更好的方法是将整个代码放在 try - catch 模块中。在这种情况下，程序在第一个错误之后停止，代码如下所示：

```
import java.io.File;
import java.io.FileInputStream;
import java.io.FileNotFoundException;
import java.io.IOException;

public class Main {
    public static void main(String[] args) {
        File file = new File("input.txt");
        FileInputStream fileInputStream = null;
        try {
```

```
            fileInputStream = new FileInputStream(file);
        } catch (FileNotFoundException e) {
            e.printStackTrace();
        }
        if (fileInputStream != null) {
            try {
                int data = 0;
                while(data != -1) {
                        data = fileInputStream.read();
                        System.out.println(data);
                }
                fileInputStream.close();
            } catch (IOException e) {
                e.printStackTrace();
            }
        }
    }
}
```

现在,您已经体验到了如何使用 IDE 的帮助快速处理异常。在本节中获得的技能将指导您完成代码的最后调试,并帮助您避免使用 IDE 自动生成异常代码时的陷阱。

9.4 异常源

当代码中发生异常情况时,问题源将出现异常对象,而问题源又会捕获调用堆栈中的一个调用方。异常对象是其中一个异常类的实例,Java 中有许多这样的类,它们代表各种类型的问题。在这一节中,我们将看一看不同类型的异常,了解 Java 库中的一些异常类,学习如何创建我们自己的异常,并了解如何实现它们。

在上一节中,我们了解了 IOException;然后,我们讲解了 NumberFormatException。这两个异常是有区别的,IDE 会强迫程序员处理 IOException,否则将不会编译代码;然而,NumberFormatException 并不关心程序是否捕捉到异常,IDE 仍然会编译并运行我们的代码。他们的区别在于类的层次结构不同,虽然它们都是 Exception 的子类,但 NumberFormatException 是 RuntimeException 的子类,如图 9-2 所示。

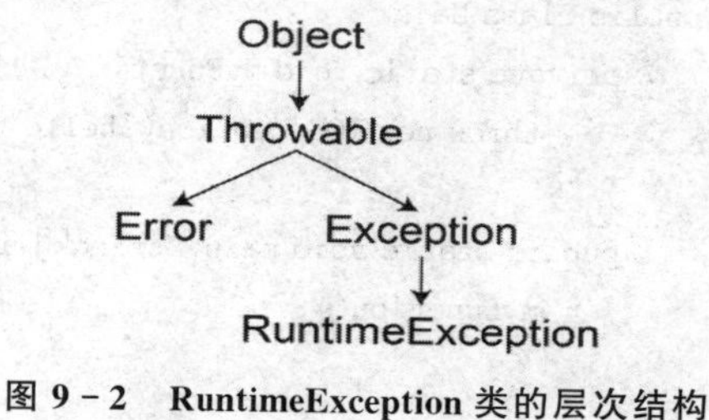

图 9-2　RuntimeException 类的层次结构

图 9-2 显示了一个简单的 Rutime Exception 类层次结构。Throwable 的任何子类都可以作为异常引发并被捕获。但是,Java 为 Error 和 RuntimeException 类的子类

提供了特殊的处理机制，在下面的内容中，我们将详细讲解。

9.4.1 已检查异常

在这里，我们创建了一个函数，并希望它出现一个 IOException 异常，但是，IDE 不允许我们这样做，因为这是一个检查过的异常。下面是它的类型层次结构，如图 9-3 所示。

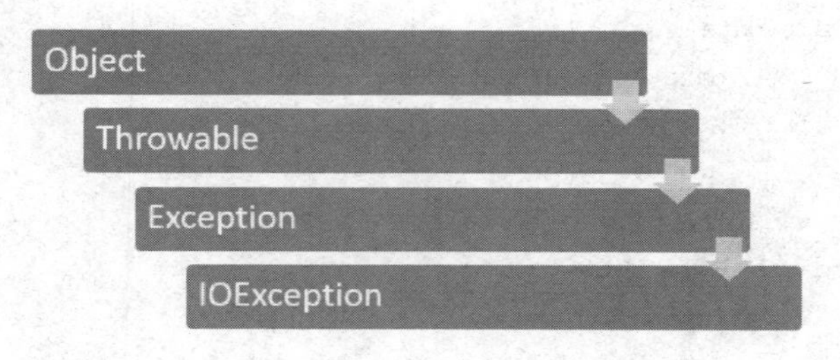

图 9-3 IOException 类的层次结构

代码如下所示：

```
import java.io.IOException;
public class Main {
    private static void myFunction() {
        throw new IOException("hello");
    }
    public static void main(String[] args) {
        myFunction();
    }
}
```

因为 IOException 是 Exception 的子类，所以它是一个已检查异常，并且每个引发已检查异常的函数都必须指定它。将插入符号移到错误行，按"Alt+Enter"，然后选择"Add exception to method signature"，程序会显示如下代码：

```
import java.io.IOException;
public class Main {
    private static void myFunction() throws IOException {
        throw new IOException("hello");
    }
    public static void main(String[] args) {
        myFunction();
    }
}
```

检查异常的另一个要求是：如果程序调用一个指定已检查异常的方法，那么程序要么捕获该异常，要么指定抛出该异常，这也称为"catch or specify 规则"。

练习　使用 catch or Specify 规则检查异常

1. 创建一个项目并添加以下代码：

```
import java.io.IOException;
public class Main {
    private static void myFunction() throws IOException {
        throw newIOException("hello");
    }
        public static void main(String[] args) {
            myFunction();
        }
    }
```

2. 选择 Add exception to method signature 以成功指定异常，代码如下所示：

```
import java.io.IOException;
public class Main {
    private static void myFunction() throws IOException {
        throw new IOException("hello");
    }
    public static void main(String[] args) throws IOException {
        myFunction();
    }
}
```

这个编译和运行都正确。现在撤消（Ctrl＋Z），并再次按“Alt＋Enter”以恢复选项。

3. 如果选择 Surround with try/catch，程序将成功捕获异常，代码如下所示：

```
import java.io.IOException;
public class Main {
    private static void myFunction() throws IOException {
        throw newIOException("hello");
    }
    public static void main(String[] args) {
        try {
            myFunction();
        } catch (IOException e) {
            e.printStackTrace();
        }
    }
}
```

9.4.2　未检查异常

异常类层次结构的顶部如图 9－3 所示，作为 RuntimeException 子类的异常类称为运行时异常,Error 的子类称为错误,这两种情况都称为未检查异常,不需要指定它们,如果指定了它们,也不需要指定它们被捕获。

未检查的异常表示与选中的异常相比,可能发生更意外的情况。假设您可以选择确保它们不会被抛出,那么它们不必被检查。但是,如果你怀疑它们可能会被报错,你应该尽力处理。以下是 NumberFormatException 的层次结构,如图 9-4 所示。因为它是 RuntimeException 的子类,所以它是运行时异常,因此是未检查异常。

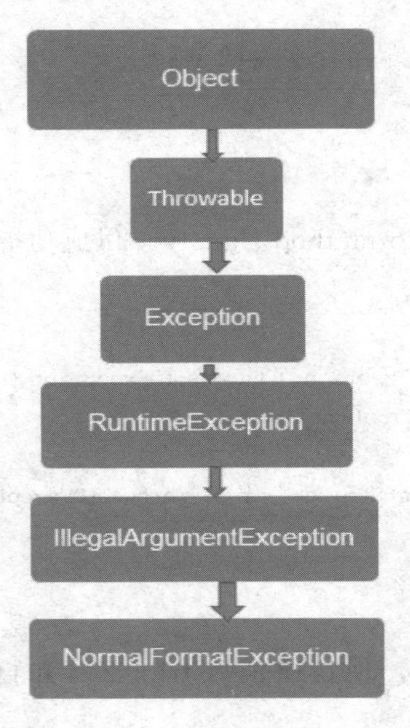

图 9-4 NumberFormatException 类的层次结构

练习 使用抛出未检查异常的方法

在本练习中,我们将编写一些引发运行时异常的代码来练习使用抛出未检查异常的方法。

1. 在 IntelliJ 中创建项目,代码如下所示:

```
public class Main {
public static void main(String[] args) {
    int i = Integer.parseInt("this is not a number");
    }
}
```

注意:这段代码试图将字符串解析为整数,但字符串显然不包含整数,所以程序将抛出一个 NumberFormatException 异常,但是,由于这是一个未检查的异常,我们不必捕捉或指定它。

2. 因为程序没有捕捉这个异常,NumberFormatException 从函数中抛出并使应用程序崩溃。我们可以人工捕捉到它,并输出一条关于它的消息,代码如下所示:

```
public class Main {
public static void main(String[] args) {
    try {
        int i = Integer.parseInt("this is not a number");
    }
    catch (NumberFormatException e) {
        System.out.println("Sorry, the string does not contain an integer.");
        }
    }
}
```

虽然捕捉未检查的异常是可选的，但是您应该确保程序捕捉到它们，以便创建完整的代码。

9.5 异常的层次结构

任何可以作为异常抛出的对象都是从 Throwable 类派生的类的实例，派生自 Error 或 RuntimeException 属于未检查异常，而派生自任何其他类都是已检查异常。因此，您使用的异常类决定了异常的处理机制（选中与未选中）。

除了异常处理机制之外，异常类的选择也包含语义信息。例如，如果一个库方法遇到了一个硬盘驱动器中文件丢失的情况，它将抛出 FileNotFoundException 的一个实例；如果字符串有问题，假设包含一个数值，那么该字符串的方法将抛出一个 NumberFormatException。Java 类库包含许多异常类，它们适合大多数意外情况。在 IntelliJ 中，打开任何 Java 项目或创建一个新项目，都需要在代码中创建一个可丢弃的参考变量，如下所示：

```
Throwable t;
```

将光标移动到插入符号 Throwable，并按“Ctrl＋H”。在 Throwable 类中打开层次结构窗口，如图 9－5 所示。

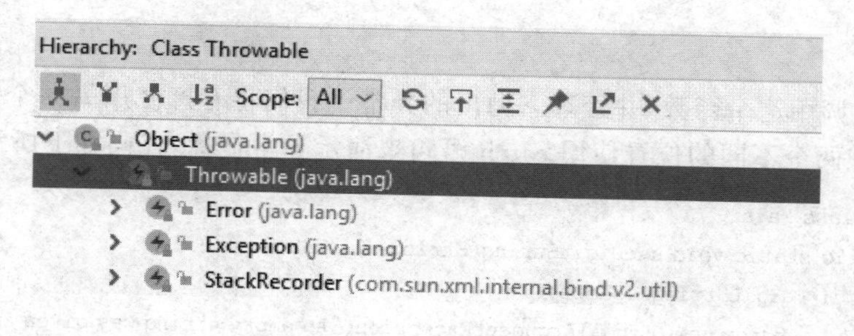

图 9－5 可丢弃类的层次结构

现在展开 Error 和 Exception,并通读类列表。这些是库中定义的各种可丢弃类,如您所见,有相当多的例外情况可供选择。在每个异常类旁边的括号中都有它所属的包。如果您要自己抛出异常,您应该尝试使用库中的异常。

9.6 引发异常和自定义异常

作为一个程序员,你将调用你或其他人编写的方法。不可避免地,代码中会出现异常。在那些属于适当异常类实例的情况下,应该抛出异常。

要抛出异常,首先,您需要创建一个 Throwable 类的实例;其次,填充该实例并使用关键字 throw 抛出它;最后,throwable 实例将向上移动调用堆栈,并弹出条目,直到程序遇到一个带有 try/catch 模块的语句,该语句与 Throwable 的类型相匹配,或是它的一个子类。throwable 作为捕获到的异常提供给 catch 语句,然后程序从那里继续执行。

练习 抛出异常

在本练习中,我们将使用现有的异常类来练习抛出异常。

1. 创建一个新的 Java 项目,该代码有一个函数,该函数需要一个长度为 1 的字符串,其中包含一个数字并输出它。如果字符串为空,它将抛出一个 IllegalArgumentException,如果字符串中包含一个数字以外的其他任何内容,则抛出该字符串 NumberFormatException。由于这些是未检查的异常,因此程序不必指定它们,代码如下所示:

```
public class Main {
    public static void useDigitString(String digitString) {
        if (digitString. isEmpty()) {
        throw new IllegalArgumentException("An empty string was given instead of a dig-
it");
      if (digitString. length() > 1) {
        throw new NumberFormatException("Please supply a string with a single digit");
        }
      }
  }
```

2. 程序调用这个函数,并处理它抛出的异常。我们将有意使用另一个调用此函数的函数,并在两个不同的位置使用 catch 语句来演示异常传播,代码如下所示:

```
public class Main {
    public static void useDigitString(String digitString) {
        if (digitString. isEmpty()) {
            throw new IllegalArgumentException("An empty string was given inste      ad of
a digit");
        }
```

```
            if (digitString.length() > 1) {
        throw new NumberFormatException("Please supply a string with a single digit");
        }
        System.out.println(digitString);
    }
    private static void runDigits() {
        try {
            useDigitString("1");
            useDigitString("23");
            useDigitString("4");
        } catch (NumberFormatException e) {
            System.out.println("A number format problem occurred: " + e.getMessage());
        }
      try {
          useDigitString("5");
          useDigitString("");
          useDigitString("7");
      } catch (NumberFormatException e) {
          System.out.println("A number format problem occured: " + e.getMessage());
      }
    }
```

3. 添加 main 函数,代码如下所示:

```
public static void main(String[] args) {
    try {
        runDigits();
    } catch (IllegalArgumentException e) {
        System.out.println("An illegal argument was provided: " + e.getMessage());
    }
  }
}
```

注意:在 main 函数中,我们调用 runDigits,它反过来调用 useDigitString。main 函数捕获 IllegalArgumentException,runDigits 捕获 NumberFormatException。虽然我们把所有的异常都放进去了,但它们在程序不同的地方被捕捉到。

练习　创建自定义异常类

在上一个练习中,我们使用了现有的异常类。NumberFormatException 和 IllegalArgumentException 都是未经检查的异常,但是我们希望检查它们,因此,现有的异常类不再适合我们的需要。在这种情况下,我们可以创建自己的异常类。

1. 我们需要一个检查过的异常 EmptyInputException。并且我们可以扩展到 Exception 类中,代码如下所示:

```
class EmptyInputException extends Exception {
}
```

2. 我们可在这个异常中添加额外的信息，可以为此添加字段和构造函数。在本例中，仅需程序发出输入为空的信号，调用者不需要其他信息。现在让我们修改代码，使函数抛出 EmptyInputException，而不是 IllegalArgumentException，代码如下所示：

```
class EmptyInputException extends Exception {
}
public class Main {
    public static void useDigitString(String digitString) throws EmptyInputException {
        if (digitString.isEmpty()) {
            throw new EmptyInputException();
        }
        if (digitString.length() > 1) {
            throw new NumberFormatException("Please supply a string with a single dig-
it");
        }
        System.out.println(digitString);
    }
    private static void runDigits() throws EmptyInputException {
        try {
            useDigitString("1");
            useDigitString("23");
            useDigitString("4");
        } catch (NumberFormatException e) {
            System.out.println("A number format problem occured: " + e.getMessage());
        }
        try {
            useDigitString("5");
            useDigitString("");
            useDigitString("7");
        } catch (NumberFormatException e) {
            System.out.println("A number format problem occured: " + e.getMessage());
    }
}
```

3. 添加 main 函数，代码如下所示：

```
public static void main(String[] args) {
    try {
        runDigits();
    }catch (EmptyInputException e) {
        System.out.println("An empty string was provided");
    }
```

```
    }
}
```

输出如下：

```
1
A number format problem occured: Please supply a string with a single digit
5
An empty string was provided
```

通过上面两个练习的学习，您应该已经知道了如何抛出异常并创建自己的异常类。

测试33　用Java编写自定义异常

为过山车的入场系统编写一个程序，供工作人员输入每位游客的姓名以及他们需要乘坐的过山车。由于过山车只供成人使用，程序需要拒绝15岁以下的游客使用。请使用自定义异常TooYoungException来处理拒绝，此异常对象将包含游客的姓名和年龄。当程序捕捉到异常时，将输出一条消息来解释他们被拒绝的原因。程序将继续输入游客姓名，直到名字为空。为此，请执行以下步骤：

1. 创建一个新类并输入RollerCoasterWithAge作为类名。
2. 创建TooYoungException类。
3. 导入java.util.Scanner包。
4. 在main函数中，创建一个死循环。
5. 获取用户名。如果是空字符串，跳出循环。
6. 获取用户的年龄。如果年龄小于15，抛出TooYoungException，并输出名字和年龄。
7. 捕获异常并为其输出适当的消息。
8. 运行主程序。

9.7　异常机制

在前面的章节中，我们已经讲解了抛出并捕获异常，并讲解了异常是如何工作的。现在，让我们重新回顾一下书中所讲的try-catch模块，以确保一切正常。

1. try-catch的工作原理

try-catch语句有两个模块：try模块和catch模块：

```
try {
    //  try 模块
} catch (Exception e) {
    // catch 模块，可以是多个
}
```

try 模块是主执行路径代码的位置，这里是程序的主要功能位置。如果在 try 模块中的任何一行发生异常，则执行将在该行停止并跳转到 catch 模块，如下所示：

```
try {
    // 行 1, 正常
    // 行 2, 正常
    // 行 3, EXCEPTION!
    // 行 4, 跳过
    //行 5, 跳过
} catch (Exception e) {
    // 行 3 后执行
}
```

如果可以将 catch 抛出的对象分配给它所包含的异常（在本例中为“Exception e”），则该 catch 模块将捕获可抛出文件。因此，如果您有一个异常类在异常层次结构中处于高位（例如 Exception），它将捕获所有异常。如果程序要捕捉更多的异常类型，你可以将异常类在层次中的结构设置得较低。

练习　未捕获异常

1. 创建新项目并添加以下代码：

```
public class Main {
    public static void main(String[] args) {
        try {
            for (int i = 0; i < 5; i++) {
                System.out.println("line " + i);
                if (i == 3) throw new Exception("EXCEPTION!");
            }
        } catch (InstantiationException e) {
            System.out.println("Caught an InstantiationException");
        }
    }
}
```

注意：此代码引发异常，但 catch 语句捕获 InstantiationException，它是 Exception 的子类，其意思为无法将异常实例分配给该异常实例，因此，异常既不会被程序捕获，也不会被抛出。

2. 指定异常，以便代码可以按如下方式编译，如下所示：

```
public class Main {
    public static void main(String[] args) throws Exception {
        try {
            for (int i = 0; i < 5; i++) {
```

```
                System.out.println("line " + i);
                if (i == 3) throw new Exception("EXCEPTION!");
            }
        } catch (InstantiationException e) {
            System.out.println("Caught an InstantiationException");
        }
    }
}
```

当程序运行代码时，我们发现程序无法捕获抛出的异常，如下所示：

```
line 0
line 1
line 2
line 3
Exception in thread "main" java.lang.Exception:
EXCEPTION! at Main.main(Main.java:8)
```

有时，程序可以捕捉到一种类型的特定异常，但是也可能引发其他类型的异常，在这种情况下，可以提供多个 catch 模块，捕获的异常类型可以位于异常类层次结构中的不同位置。执行第一个 catch 模块，抛出的异常可以分配给它的参数，因此，如果两个异常类具有父子类关系，那么子类的 catch 语句必须位于原 catch 语句之前的异常；否则，catch 语句也会捕获子类的异常。

练习　了解多个 catch 模块及其顺序

在本练习中，我们将了解程序中的多个 catch 模块的执行顺序。

1. 返回代码的初始形式，如下所示：

```
public class Main {
    public static void main(String[] args) {
        try {
            for (int i = 0; i < 5; i++) {
                System.out.println("line " + i);
                if (i == 3) throw new Exception("EXCEPTION!");
            }
        } catch (InstantiationException e) {
            System.out.println("Caughtan InstantiationException");
        }
    }
}
```

2. 当我们按“Alt＋Enter”为 Exception 添加 catch 语句时，它将添加到现有的 catch 子句之后，如下所示：

```
public class Main {
    public static void main(String[] args) {
        try {
            for (int i = 0; i < 5; i++) {
                System.out.println("line " + i);
                if (i == 3) throw new Exception("EXCEPTION!");
            }
        } catch (InstantiationException e) {
            System.out.println("Caught an InstantiationException");
        } catch (Exception e) {
            e.printStackTrace();
        }
    }
}
```

3. 如果抛出的异常是 InstantiationException，则它将被第一个 catch 模块捕获。如果是其他异常，它将被第二个 catch 模块捕获。让我们尝试重新排序 catch 模块，如下所示：

```
public class Main {
    public static void main(String[] args) {
        try {
            for (int i = 0; i < 5; i++) {
            System.out.println("line " + i);
                if (i == 3) throw new Exception("EXCEPTION!");
            }
        } catch (Exception e) {
            e.printStackTrace();
        } catch (InstantiationException e) {
            System.out.println("Caught an InstantiationException");
        }
    }
}
```

现在程序不能编译，因为 InstantiationException 的实例可以分配给 Exception e，它们将被第一个 catch 模块捕获，而第二个模块永远不会被调用。

异常的另一个属性是它们在调用堆栈中向上移动。每个被调用的函数本质上都将执行结果返回给调用方，直到其中一个函数能够捕捉到异常。

练习　异常的传递

在本练习中，我们将通过一个示例学习多个函数互相调用：

1. 从最后面的方法抛出异常，该异常被调用堆栈中较高的一个方法捕获，如下所示：

```
public class Main {
    private static void method3() throws Exception {
        System.out.println("Begin method 3");
        try {
            for (int i = 0; i < 5; i++) {
                System.out.println("line " + i);
                if (i == 3) throw new Exception("EXCEPTION!");
            }
        } catch (InstantiationException e) {
            System.out.println("Caught an InstantiationException");
        }
            System.out.println("End method 3");
    }
    private static void method2() throws Exception {
        System.out.println("Begin method 2");
        method3();
        System.out.println("End method 2");
    }
    private static void method1() {
        System.out.println("Begin method 1");
        try { method2();
    } catch (Exception e) {
        System.out.println("method1 caught an Exception!: " + e.getMessage());
        System.out.println("Also, below is the stack trace:");
        e.printStackTrace();
    }
        System.out.println("End method 1");
    }
```

2. 添加 main 函数，代码如下所示：

```
public static void main(String[] args) {
    System.out.println("Begin main");
    method1();
    System.out.println("End main");
    }
}
```

运行程序，输出如下所示：

```
Begin  main
Begin  method  1
Begin  method  2
Begin  method  3
line   0
```

```
line 1
line 2
line 3
method1 caught an Exception!: EXCEPTION!
Also, below is the stack trace: java.lang.Exception: EXCEPTION!
at Main.method3(Main.java:8)
at Main.method2(Main.java:18)
at Main.method1(Main.java:25)
at Main.main(Main.java:36)
End method 1 End main
```

注意:方法 2 和方法 3 没有运行到完成,而方法 1 和 main 函数执行完毕。其中,方法 2 引发异常,方法 3 不捕捉异常,并允许它向上传递,最后,方法 1 捕捉到它,方法 2 和方法 3 将执行结果返回到调用堆栈中较高的方法。由于方法 1 和 main 不允许异常向上传播,因此它们可以运行到完成。

catch 模块还有一个特性,就是在同一个 catch 模块中,可以捕获两个特定的异常,但不捕获其他异常。在本例中,我们可以将这些异常的 catch 模块与字符组合起来,这个特性是在 Java7 中引入的,在 Java6 及以下版本中不起作用。

9.8 多异常类型

我们已经学会了在一个代码模块中处理单一类型的异常。现在我们来看看如何在一个模块中处理多个异常类型,代码如下所示:

```
import java.io.IOException;
public class Main {
    public static void method1() throws IOException {
        System.out.println(4/0);
    }
    public static void main(String[] args) {
    try {
        System.out.println("line 1");
        method1();
        System.out.println("line 2");
    }
    catch (IOException|ArithmeticException e) {
            System.out.println("An IOException or a ArithmeticException was thrown.
Details below.");
            e.printStackTrace();
        }
    }
```

```
}
```

在这里，可以使用 catch 模块捕捉 IOException 或 ArithmeticException，该模块具有多个异常类型。当运行代码时，可以看到的是 ArithmeticException 被成功捕获，如下所示：

```
line 1
An IOException or a ArithmeticException was thrown. Details below. java.lang.ArithmeticException:/by zero
at Main.method1(Main.java:6) at Main.main(Main.java:12)
```

如果异常是一个 IOException，它将以相同的方式被捕获。

附录　测试题程序

测试 1

```
public class Operations

{

    public static void main(String[] args) {
        System.out.println("The sum of 3 + 4 is " + (3 + 4));
        System.out.println("The product of 3 + 4 is " + (3 * 4));

    }

}
```

测试 2

```
public class ReadScanner

{

     static Scanner sc = new Scanner(System.in);
     public static void main(String[] args) {
      System.out.print("Enter a number: ");
           int a = sc.nextInt();
      System.out.print("Enter 2nd number: ");
           int b = sc.nextInt();
      System.out.println("The sum is " + (a + b) + ".");
    }

}
```

测试 3

```
import java.util.Scanner;

{

    public class Input{
    static Scanner sc = new Scanner(System.in);
        public static void main(String[] args)

{

    System.out.print("Enter student name: ");
        String name = sc.nextLine();
    System.out.print("Enter Name of the University: ");
        String uni = sc.nextLine();
    System.out.print("Enter Age: ");
```

```
int age = sc.nextInt();
```

测试 4

```
import java.util.Scanner;

public class PeachCalculator{
static Scanner sc = new Scanner(System.in);
public static void main(String[] args) {
    System.out.print("Enter the number of peaches picked: ");
        int numberOfPeaches = sc.nextInt();
        int numberOfFullBoxes = numberOfPeaches / 20;
        int numberOfPeachesLeft = numberOfPeaches - numberOfFullBoxes * 20;
    System.out.printf("We have %d full boxes and %d peaches left.",
numberOfFullBoxes, numberOfPeachesLeft);
    }
}
```

测试 5

```
public class Salary {

    public static void main(String args[]) {
        int workerhours = 10;
        double salary = 0;
    if (workerhours <= 8 )
        salary = workerhours * 10;
    else if((workerhours > 8) && (workerhours < 12))
        salary = 8 * 10 + (workerhours - 8) * 12;
    else
        salary = 160;
    System.out.println("The workers salary is " + salary);
    }
}
```

测试 6

```
import java.util.Scanner;

public class PeachBoxCounter
{
    static Scanner sc = new Scanner(System.in);
    public static void main(String[] args) {
    System.out.print("Enter the number of peaches picked: ");
        int numberOfPeaches = sc.nextInt();
            for (int numShipped = 0; numShipped < numberOfPeaches; numShipped += 20)
            {
            System.out.printf("shipped %d peaches so far\n", numShipped);
```

```
        }
    }
}
```

测试 7

```
import java.util.Scanner;

public class PeachBoxCounters{
static Scanner sc = new Scanner(System.in);
public static void main(String[] args) {
    System.out.print("Enter the number of peaches picked: ");
        int numberOfPeaches = sc.nextInt();
        int numberOfBoxesShipped = 0;
        while (numberOfPeaches >= 20) {
            numberOfPeaches -= 20;
            numberOfBoxesShipped += 1;
        System.out.printf("%d boxes shipped, %d peaches remaining\n",
            numberOfBoxesShipped, numberOfPeaches);
        }
    }
}
```

测试 8

```
import java.util.Scanner;

public class Theater {
public static void main(String[] args)
{
    int total = 10, request = 0, remaining = 10;
    while (remaining>=0)
    {
        System.out.println("Enter the number of tickets");
            Scanner in = new Scanner(System.in);
            request = in.nextInt();
        if(request <= remaining)
            {
                System.out.println("Your " + request + " tickets have been procced.
                                   Please pay and enjoy the show.");
                remaining = remaining - request;
                request = 0;
            }
            else
            {
                System.out.println("Sorry your request could not be processed");
```

```
                break;
            }
        }
    }
}
```

测试 9

```
import java.util.Scanner;

public class PeachBoxCount{
static Scanner sc = new Scanner(System.in);
    public static void main(String[] args) {
        int numberOfBoxesShipped = 0;
        int numberOfPeaches = 0;
    while (true) {
        System.out.print("Enter the number of peaches picked: ");
            int incomingNumberOfPeaches = sc.nextInt();
        if (incomingNumberOfPeaches = = 0) {
            break;
        }

            numberOfPeaches + = incomingNumberOfPeaches;
                while (numberOfPeaches >= 20) {
                    numberOfPeaches - = 20;314 | Appendix
                    numberOfBoxesShipped + = 1;
                    System.out.printf(" % d boxes shipped, % d peaches remaining\n",
                    numberOfBoxesShipped, numberOfPeaches);
                }
        }
    }
}
```

测试 10

```
public class Animal {

}

    public class Animal {
        int legs;
        int ears;
        int eyes;
        String family;
        String name;
    }
public class Animal {
        int legs;
```

```
        int ears;
        int eyes;
        String family;
        String name;
        public Animal(){
        this(4, 2,2);
    }
    public Animal(int legs, int ears, int eyes){
        this.legs = legs;
        this.ears = ears;
        this.eyes = ears;
    }
}
public class Animal {
    int legs;
int ears;
int eyes;
String family;
String name;
public Animal(){
        this(4, 2,2);
    }
    public Animal(int legs, int ears, int eyes){
        this.legs = legs;
        this.ears = ears;
        this.eyes = ears;
    }
    public String getFamily() {
        return family;
    }
    public void setFamily(String family) {
        this.family = family;
    }
    public String getName() {
        return name;
    }
    public void setName(String name) {
        this.name = name;
    }
}
public class Animals {
    public static void main(String[] args){
    }
```

```
}
public class Animals {
    public static void main(String[] args){
        Animal cow = new Animal();
        Animal goat = new Animal();
    }
}
public class Animals {
    public static void main(String[] args){
        Animal cow = new Animal();
        Animal goat = new Animal();
        Animal duck = new Animal(2, 2, 2);
        cow.setName("Cow");
        cow.setFamily("Bovidae");
        goat.setName("Goat");
        goat.setFamily("Bovidae");
        duck.setName("Duck");
        duck.setFamily("Anatidae");
        System.out.println(cow.getName());
        System.out.println(goat.getName());
        System.out.println(duck.getFamily());
    }
}
```

测试 11

```
private final double operand1;

private final double operand2;
private final String operator;
public Calculator(double operand1, double operand2, String operator){
    this.operand1 = operand1;
    this.operand2 = operand2;
    this.operator = operator;
}
public double operate() {
    if (this.operator.equals("-")) {
        return operand1 - operand2;
    } else if (this.operator.equals("x")) {
        return operand1 * operand2;
    } else if (this.operator.equals("/")) {
        return operand1 / operand2;
    } else {
        return operand1 + operand2;
```

```
    }
}
public static void main (String [] args) {
    System.out.println("1 + 1 = " + new Calculator(1, 1, "+").
        operate());
    System.out.println("4 - 2 = " + new Calculator(4, 2, "-").
        operate());
    System.out.println("1 x 2 = " + new Calculator(1, 2, "x").
        operate());Lesson 4: Object - Oriented Programming | 319
    System.out.println("10 / 2 = " + new Calculator(10, 2, "/").
        operate());
    }
}
```

测试 12

```
public class Operator {

public final String operator;
public Operator() {
    this("+");
}
public Operator(String operator) {
    this.operator = operator;
}
public boolean matches(String toCheckFor) {
    return this.operator.equals(toCheckFor);
    }
public double operate(double operand1, double operand2) {
    return operand1 + operand2;
    }
}
public class Subtraction extends Operator {
public Subtraction() {
    super("-");
}
@Override
public double operate(double operand1, double operand2) {
    return operand1 - operand2;
    }
}
public class Multiplication extends Operator {
public Multiplication() {
    super("x");
```

```
}
@Override
public double operate(double operand1, double operand2) {
    return operand1 * operand2;
    }
}
public class Division extends Operator {
public Division() {
    super("/");
}
@Override
public double operate(double operand1, double operand2) {
    return operand1 / operand2;
    }
}
public class CalculatorWithFixedOperators {
public static void main (String [] args) {
    System.out.println("1 + 1 = " + new
        CalculatorWithFixedOperators(1, 1, " + ").operate());
    System.out.println("4 - 2 = " + new
        CalculatorWithFixedOperators(4, 2, " - ").operate());
    System.out.println("1 x 2 = " + new
        CalculatorWithFixedOperators(1, 2, "x").operate());
    System.out.println("10 / 2 = " + new
        CalculatorWithFixedOperators(10, 2, "/").operate());
}
private final double operand1;
private final double operand2;
private final Operator operator;
private final Division division = new Division();
private final Multiplication multiplication = new Multiplication();
private final Operator sum = new Operator();
private final Subtraction subtraction = new Subtraction();
public CalculatorWithFixedOperators(double operand1, double operand2,
String operator) {
    this.operand1 = operand1;
    this.operand2 = operand2;
        if (subtraction.matches(operator)) {
            this.operator = subtraction;
        } else if (multiplication.matches(operator)) {
            this.operator = multiplication;
        } else if (division.matches(operator)) {
            this.operator = division;
```

```
        } else {
            this.operator = sum;
        }
    }
    public double operate() {
        return operator.operate(operand1, operand2);
        }
    }
```

测试 13

```
public class Cow implements AnimalBehavior, AnimalListener {
    String sound;
    String movementType;
@Override
public void move() {
    this.movementType = "Walking";
    this.onAnimalMoved();
}
@Override
public void makeSound() {
    this.sound = "Moo";
    this.onAnimalMadeSound();
}
public interface AnimalListener {
    void onAnimalMoved();
    void onAnimalMadeSound();
}
@Override
public void onAnimalMoved() {
    System.out.println("Animal moved: " + this.movementType);
}
@Override
public void onAnimalMadeSound() {
    System.out.println("Sound made: " + this.sound);
}
public static void main(String[] args){
    Cow myCow = new Cow();
    myCow.move();
    myCow.makeSound();
    }
```

测试 14

```
import java.util.Random;
```

```
public class EmployeeLoader {
private static Random random = new Random(15);
public static Employee getEmployee() {
    int nextNumber = random.nextInt(4);
        switch(nextNumber) {
            case 0:
                1550000
                double grossSales = random.nextDouble() * 150000 + 5000;
                return new SalesWithCommission(grossSales);
            case 1:
                return new Manager();
            case 2:
                return new Engineer();
            case 3:
                return new Sales();
            default:
                return new Manager();
            }
        }
public class SalesWithCommission extends Sales implements Employee {
private final double grossSales;
public SalesWithCommission(double grossSales) {
    this.grossSales = grossSales;
}
public double getCommission() {
    return grossSales * 0.15;
    }
}
public class ShowSalaryAndCommission {
public static void main (String [] args) {
    for (int i = 0; i < 10; i++) {
        Employee employee = EmployeeLoader.getEmployee();
        System.out.println("---" + employee.getClass().getName());
        System.out.println("Net Salary: " + employee.getNetSalary());
        System.out.println("Tax: " + employee.getTax());
            if (employee instanceof SalesWithCommission) {
                SalesWithCommission sales = (SalesWithCommission)
                employee;
            System.out.println("Commission: " + sales.
            getCommission());
            }
        }
    }
```

```
}
```

测试 15

```
public class AnimalTest {

    public static void main(String[] args){
    }
}
Cat cat = new Cat();
Cow cow = new Cow();
System.out.println(cat.owner);
Animal animal = (Animal)cat;
System.out.println(animal.owner);
System.out.println(cow.sound);
Animal animal1 = (Animal)cow;
Cat cat1 = (Cat)animal;
System.out.println(cat1.owner);
public class AnimalTest {
public static void main(String[] args){
    Cat cat = new Cat();
    Cow cow = new Cow();
        System.out.println(cat.owner);
    Animal animal = (Animal)cat;
        System.out.println(cow.sound);
    Cat cat1 = (Cat)animal;
        System.out.println(cat1.owner);
    }
}
```

测试 16

```
public abstract class Patient {

}
public abstract String getPersonType();
public class Doctor extends Patient {
}
@Override
public String getPersonType() {
    return "Arzt";
public class People extends Patient{
@Override
public String getPersonType() {
    return "Kranke";
    }
```

```
}
public class HospitalTest {
    public static void main(String[] args){
    }
}
Doctor doctor = new Doctor();
People people = new People();
    String str = doctor.getPersonType();
    String str1 = patient.getPersonType();
    System.out.println(str);
    System.out.println(str1);
```

测试 17

```
public abstract class GenericEmployee implements Employee {
private final double grossSalary;
public GenericEmployee(double grossSalary) {
    this.grossSalary = grossSalary;
}
public double getGrossSalary() {
    return grossSalary;
}
@Override
public double getNetSalary() {
    return grossSalary - getTax();
    }
}
public class GenericEngineer extends GenericEmployee {
public GenericEngineer(double grossSalary) {
    super(grossSalary);
}
@Override
public double getTax()
    return (22.0/100) * getGrossSalary();
    }
}
public class GenericManager extends GenericEmployee {
public GenericManager(double grossSalary) {
    super(grossSalary);
}
@Override
public double getTax() {
    return (28.0/100) * getGrossSalary();
```

```
        }
    }
    public class GenericSales extends GenericEmployee {
    public GenericSales(double grossSalary) {
        super(grossSalary);
    }
    @Override
    public double getTax() {
        return (19.0/100) * getGrossSalary();
        }
    }
    public class GenericSalesWithCommission extends GenericEmployee {
    private final double grossSales;
    public GenericSalesWithCommission(double grossSalary, double
    grossSales) {
        super(grossSalary);
        this.grossSales = grossSales;
    }
    public double getCommission() {
        return grossSales * 0.15;
    }
    @Override
    public double getTax() {
        return (19.0/100) * getGrossSalary();
        }
    }
    public static Employee getEmployeeWithSalary() {
        int nextNumber = random.nextInt(4);
        double grossSalary = random.nextDouble() * 50000 + 70000;
            switch(nextNumber) {
                case 0:
                    1550000
                    double grossSales = random.nextDouble() * 150000 + 5000;
                    return new GenericSalesWithCommission(grossSalary, grossSales);
                case 1:
                    return new GenericManager(grossSalary);
                case 2:
                    return new GenericEngineer(grossSalary);
                case 3:
                    return new GenericSales(grossSalary);
                default:
                    return new GenericManager(grossSalary);
                }
```

```
        }
    }
public class UseAbstractClass {
public static void main (String [] args) {
    for (int i = 0; i < 10; i++) {
        Employee employee = EmployeeLoader.getEmployeeWithSalary();
            System.out.println("---" + employee.getClass().getName());
            System.out.println("Net Salary: " + employee.getNetSalary());
            System.out.println("Tax: " + employee.getTax());
        if (employee instanceof GenericSalesWithCommission) {
            GenericSalesWithCommission sales = (GenericSalesWithCommission) employee;
        System.out.println("Commission: " + sales.
            getCommission());
            }
        }
    }
}
```

测试 18

```
public class ExampleArray {

public static void main(String[] args) {
    double[] array = {14.5, 28.3, 15.4, 89.0, 46.7, 25.1, 9.4, 33.12, 82, 11.3, 3.7, 59.
                      99, 68.65, 27.78, 16.3, 45.45, 24.76, 33.23, 72.88, 51.23};
    double min = array[0];
        for (double f : array) {
            if (f < min)
                min = f;
            }
        System.out.println("The lowest number in the array is " + min);
    }
}
```

测试 19

```
public class Operators {

public static final Operator DEFAULT_OPERATOR = new Operator();
public static final Operator [] OPERATORS = {
    new Division(),
    new Multiplication(),
        DEFAULT_OPERATOR,
    new Subtraction(),
};
public static Operator findOperator(String operator) {
```

```
        for (Operator possible : OPERATORS) {
            if (possible.matches(operator)) {
                return possible;
            }
        }
        return DEFAULT_OPERATOR;
        }
    }
    public class CalculatorWithDynamicOperator {
    private final double operand1;
    private final double operand2;
    private final Operator operator;
    public CalculatorWithDynamicOperator(double operand1, double operand2, String operator) {
        this.operand1 = operand1;
        this.operand2 = operand2;
        this.operator = Operators.findOperator(operator);
    }
    public double operate() {
        return operator.operate(operand1, operand2);
    }
    public static void main (String [] args) {
        System.out.println("1 + 1 = " + new
        CalculatorWithDynamicOperator(1, 1, "+").operate());
        System.out.println("4 - 2 = " + new
        CalculatorWithDynamicOperator(4, 2, "-").operate());
        System.out.println("1 x 2 = " + new
        CalculatorWithDynamicOperator(1, 2, "x").operate());
        System.out.println("10 / 2 = " + new
        CalculatorWithDynamicOperator(10, 2, "/").operate());
        }
    }
```

测试 20

```
import java.util.ArrayList;

import java.util.Iterator;
public class StudentsArray extends Student{
public static void main(String[] args){
    ArrayList<Student> students = new ArrayList<>();
    Student james = new Student();
        james.setName("James");
    Student mary = new Student();
        mary.setName("Mary");
```

```
    Student jane = new Student();
        jane.setName("Jane");
    students.add(james);
    students.add(mary);
    students.add(jane);
    Iterator studentsIterator = students.iterator();
        while (studentsIterator.hasNext()){
            Student student = (Student) studentsIterator.next();
            String name = student.getName();
            System.out.println(name);
        }
        students.clear();
    }
}
```

测试 21

```
import java.util.Scanner;

public class NameTell
{
public static void main(String[] args)
{
    System.out.print("Enter your name:");
    Scanner sc = new Scanner(System.in);
    String name = sc.nextLine();
        int num = name.length();
        char c = name.charAt(0);
    System.out.println("\n Your name has " + num + " letters including spaces.");
    System.out.println("\n The first letter is: " + c);
    }
}
```

测试 22

```
import java.util.Scanner;

public class CommandLineCalculator {
public static void main (String [] args) throws Exception {
    Scanner scanner = new Scanner(System.in);
        while (true) {
            printOptions();
            String option = scanner.next();
        if (option.equalsIgnoreCase("Q")) {
            break;
        }
```

```
    System.out.print("Type first operand: ");
double operand1 = scanner.nextDouble();
System.out.print("Type second operand: ");
double operand2 = scanner.nextDouble();
Operator operator = Operators.findOperator(option);
double result = operator.operate(operand1, operand2);
System.out.printf("%f %s %f = %f\n", operand1, operator.
operator, operand2, result);
System.out.println();
    }
}
private static void printOptions() {
    System.out.println("Q (or q) - To quit");
    System.out.println("An operator. If not supported, will use sum.");
    System.out.print("Type your option: ");
    }
}
```

测试 23

```
public class Unique {

public static String removeDups(String string){
    if (string == null)
        return string;
    if (string == "")
        return string;
    if (string.length() == 1)
        return string;
        String result = "";
            for (int i = 0; i < string.length() ; i++){
                char c = string.charAt(i);
                boolean isDuplicate = false;
            for (int j = 0; j < result.length(); j++){
                char d = result.charAt(j);
    if (c == d){
            isDuplicate = true;
            break;
        }
    }
    if (! isDuplicate)
        result += ""+c;
    }
        return result;
```

```
    }
public static void main(String[] args){
    String a = "aaaaaaa";
    String b = "aaabbbbb";
    String c = "abcdefgh";
    String d = "Ju780iu6G768";
    System.out.println(removeDups(a));
    System.out.println(removeDups(b));
    System.out.println(removeDups(c));
    System.out.println(removeDups(d));
    }
}
```

测试 24

```
public class UseInitialCapacity {

    public static final void main (String [] args) throws Exception {
    }
}
private static final int INITIAL_CAPACITY = 5;
private static User[] resizeArray(User[] users, int newCapacity) {
    User[] newUsers = new User[newCapacity];
    int lengthToCopy = newCapacity > users.length ? users.length :
        newCapacity;
System.arraycopy(users, 0, newUsers, 0, lengthToCopy);
    return newUsers;
}
public static User[] loadUsers(String pathToFile) throws Exception {
    User[] users = new User[INITIAL_CAPACITY];
    BufferedReader lineReader = new BufferedReader(new
    FileReader(pathToFile));
    try (CSVReader reader = new CSVReader(lineReader)) {
        String [] row = null;
            while ( (row = reader.readRow()) ! = null) {
                if (users.length = = reader.getLineCount()) {
                    users = resizeArray(users, users.length + INITIAL_CAPACITY);
                }
            users[users.length - 1] = User.fromValues(row);
        }
    if (reader.getLineCount() < users.length - 1) {
        users = resizeArray(users, reader.getLineCount());
        }
    }
```

```
    return users;
    }
User[] users = loadUsers(args[0]);
System.out.println(users.length);
import java.io.BufferedReader;
import java.io.FileReader;
```

测试 25

```
public CSVReader(BufferedReader reader, boolean ignoreFirstLine) throws

IOException {
    this.reader = reader;
        if (ignoreFirstLine) {
            reader.readLine();
        }
    }
public CSVReader(BufferedReader reader) throws IOException {
    this(reader, true);
}
public class CalculateAverageSalary {
    public static void main (String [] args) throws Exception {
    }
}
private static Vector loadWages(String pathToFile) throws Exception {
    Vector result = new Vector();
    FileReader fileReader = new FileReader(pathToFile);
    BufferedReader bufferedReader = new BufferedReader(fileReader);
    try (CSVReader csvReader = new CSVReader(bufferedReader, false)) {
    String [] row = null;
        while ( (row = csvReader.readRow()) ! = null) {
            if (row.length = = 15) { //
                result.add(Integer.parseInt(row[2].trim()));
            }
        }
    }
    return result;
}
Vector wages = loadWages(args[0]);
long start = System.currentTimeMillis();
int totalWage = 0;
int maxWage = 0;
int minWage = Integer.MAX_VALUE;
for (Object wageAsObject : wages) {
```

```
        int wage = (int) wageAsObject;
        totalWage + = wage;
            if (wage > maxWage) {
                maxWage = wage;
            }
            if (wage < minWage) {
                minWage = wage;
            }
        }
    System.out.printf("Read % d rows in % dms\n", wages.size(), System.currentTimeMillis()
 - start);
    System.out.printf("Average, Min, Max: % d, % d, % d\n", totalWage / wages. size(), min-
Wage, maxWage);
    import java.io.BufferedReader;
    import java.io.FileReader;
    import java.util.Vector;
```

测试 26

```
public class IterateOnUsersVector {

    public static void main(String [] args) throws IOException {
    }
}

    Vector users = UsersLoader.loadUsersInVector(args[0]);
    for (Object userAsObject : users) {
        User user = (User) userAsObject;
        System.out.printf(" % s -  % s\n", user.name, user.email);
    }
```

测试 27

```
import java.util.Comparator;

public class ByIdComparator implements Comparator<User> {
public int compare(User first, User second) {
    if (first.id < second.id) {
        return -1;
    }
    if (first.id > second.id) {
        return 1;
    }
        return 0;
    }
}
import java.util.Comparator;
```

```
public class ByEmailComparator implements Comparator<User> {
public int compare(User first, User second) {
    return first.email.toLowerCase().compareTo(second.email.toLowerCase());
    }
}
import java.util.Comparator;
public class ByNameComparator implements Comparator<User> {
public int compare(User first, User second) {
    return first.name.toLowerCase().compareTo(second.name.toLowerCase());
    }
}
public class SortUsers {
public static void main (String [] args) throws IOException {
    Hashtable<String, User> uniqueUsers = UsersLoader.
    loadUsersInHashtableByEmail(args[0]);
    }
}
Vector<User> users = new Vector<>(uniqueUsers.values());
Scanner reader = new Scanner(System.in);
System.out.print("What field you want to sort by: ");
String input = reader.nextLine();
Comparator<User> comparator;
    switch(input) {
    case "id":
            comparator = newByIdComparator();
        break;
        case "name":
            comparator = new ByNameComparator();
        break;
        case "email":
            comparator = new ByEmailComparator();
        break;
        default:
            System.out.printf("Sorry, invalid option: %s\n", input);
        return;
    }
Collections.sort(users, comparator);
for (User user : users) {
    System.out.printf("%d - %s, %s\n", user.id, user.name, user.email);
}
import java.io.IOException;
import java.util.Collections;
import java.util.Comparator;
```

```
import java.util.Hashtable;
import java.util.Scanner;
import java.util.Vector;
```

测试 28

```
public class SimpleObjLinkedList {

static class Node {
    Object data;
    Node next;
    Node(Object d) {
        data = d;
        next = null;
    }
    Node getNext() {
        return next;
    }
    void setNext(Node node) {
        next = node;
    }
    Object getData() {
        return data;
    }
}
public String toString() {
    String delim = ",";
    StringBuffer stringBuf = new StringBuffer();
        if (head = = null)
            return "LINKED LIST is empty";
            Node currentNode = head;
        while (currentNode ! = null) {
            stringBuf.append(currentNode.getData());
            currentNode = currentNode.getNext();
            if (currentNode ! = null)
                stringBuf.append(delim);
            }
            return stringBuf.toString();
        }
public void add(Object element) {
    Node newNode = new Node(element);
        if (head = = null) {
            head = newNode;
            return;
```

```
        }
    Node currentNode = head;
        while (currentNode.getNext() ! = null) {
            currentNode = currentNode.getNext();
        }
        currentNode.setNext(newNode);
    }
    public Object get(int index) {
    if (head = = null || index < 0)
        return null;
    if (index = = 0){
        return head.getData();
    }
    Node currentNode = head.getNext();
        for (int pos = 0; pos < index; pos ++ ) {
            currentNode = currentNode.getNext();
        if (currentNode = = null)
            return null;
        }
            return currentNode.getData();
        }
    public boolean remove(int index) {
        if (index < 0)
            return false;
        if (index = = 0)
            {
        head = null;
            return true;Lesson 8: Advanced Data Structures in Java | 359
        }
        Node currentNode = head;
        for (int pos = 0; pos < index - 1; pos ++ ) {
            if (currentNode.getNext() = = null)
                return false;
                currentNode = currentNode.getNext();
        }
            currentNode.setNext(currentNode.getNext().getNext());
        return true;
        }
public static void main(String[] args) {
    SimpleObjLinkedList list = new SimpleObjLinkedList();
        list.add("INPUT - 1");
        list.add("INPUT - 2");
        list.add("INPUT - 3");
```

```
        list.add("INPUT - 4");
        list.add("INPUT - 5");
    System.out.println(list);
    System.out.println(list.get(2));
    list.remove(3);
    System.out.println(list);
    }
    }
```

测试 29

```
public int getLow() {

    Node current = parent;
    while (current.left != null) {
        current = current.left;
    }
        return current.data;
}
public int getHigh() {
    Node current = parent;
    while (current.right != null) {
        current = current.right;
    }
        return current.data;
    }
public static void main(String args[]) {
    BinarySearchTree bst = new BinarySearchTree();
    bst.add(32);
    bst.add(50);
    bst.add(93);
    bst.add(3);
    bst.add(40);
    bst.add(17);
    bst.add(30);
    bst.add(38);
    bst.add(25);
    bst.add(78);
    bst.add(10);
System.out.println("Lowest value in BST :" + bst.getLow());
System.out.println("Highest value in BST :" + bst.getHigh());
}
```

测试 30

```
public enum DeptEnum {

    BE("BACHELOR OF ENGINEERING", 1), BCOM("BACHELOR OF COMMERCE", 2),
    BSC("BACHELOR OF SCIENCE", 3), BARCH("BACHELOR OF ARCHITECTURE", 4), DEFAULT("BACHE-
        LOR", 0);
    private String acronym;
    private int deptNo;
    DeptEnum(String accr, int deptNo) {
        this.accronym = acr;
        this.deptNo = deptNo;
    }
    public String getAcronym() {
        return acronym;
    }
    public int getDeptNo() {
        return deptNo;
    }
public static void main(String[] args) {
DeptEnum env = DeptEnum.valueOf("BE");
System.out.println(env.getAcronym() + " : " + env.getDeptNo());
    for (DeptEnum e : DeptEnum.values()) {
        System.out.println(e.getAcronym() + " : " + e.getDeptNo()); }
        System.out.println(DeptEnum.BE = = DeptEnum.valueOf("BE"));
    }
}
```

测试 31

```
public enum App {

    BE("BACHELOR OF ENGINEERING", 1), BCOM("BACHELOR OF COMMERCE", 2),
    BSC("BACHELOR OF SCIENCE", 3), BARCH("BACHELOR OF ARCHITECTURE", 4),
    DEFAULT("BACHELOR", 0);
private String accronym;
private int deptNo;
    App(String accr, int deptNo) {
        this.accronym = accr;
        this.deptNo = deptNo;
    }
public method getDeptNo() that returns the variable deptNo.
public String getAccronym() {
    return accronym;
}
```

```
public int getDeptNo() {
    return deptNo;
}
public static App get(String accr) {
    for (App e : App.values()) {
        if (e.getAccronym().equals(accr))
            return e;
        }
    return App.DEFAULT;
}
public static void main(String[] args) {
    App noEnum = App.get("BACHELOR OF SCIENCE");
    System.out.println(noEnum.accronym + " : " + noEnum.deptNo);
    System.out.println(App.get("BACHELOR OF SCIENCE").name());
    }
}
```

测试 32

```
import java.util.Scanner;

public class Adder {
public static void main(String[] args) {
Scanner input = new Scanner(System.in);
    int total = 0;
        for (int i = 0; i < 3; i++) {
            System.out.print("Enter a whole number: ");
            boolean isValid = false;
    while (! isValid) {
        if (input.hasNext()) {
            String line = input.nextLine();
            try {
                int newVal = Integer.parseInt(line);
                isValid = true;
                total += newVal;
            } catch (NumberFormatException e) {
                System.out.println("Please provide a valid whole number");
            }
        }
    }
}
System.out.println("Total is " + total);
}
}
```

测试 33

```
import java.util.Scanner;

class TooYoungException extends Exception {
    int age;
    String name;
    TooYoungException(int age, String name) {
        this.age = age;
        this.name = name;
    }
}
public class RollerCoasterWithAge {
public static void main(String[] args) {
Scanner input = new Scanner(System.in);
    while (true) {
        System.out.print("Enter name of visitor: ");
        String name = input.nextLine().trim();
            if (name.length() == 0) {
        break;
    }
    try {
        System.out.printf("Enter %s's age: ", name);
        int age = input.nextInt();
        input.nextLine();
            if (age < 15) {
                throw new TooYoungException(age, name);
            }
        System.out.printf("%s is riding the roller coaster.\n", name);
    } catch (TooYoungException e) {
        System.out.printf("%s is %d years old, which is too young to ride.\n", e.name,
                        e.age);
            }
        }
    }
}
```